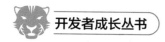
开发者成长丛书

仓颉语言极速入门
UI全场景实战

张云波 ◎ 著

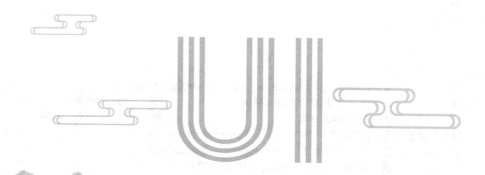

清华大学出版社
北京

内 容 简 介

本书以仓颉的 UI 实战为主，语法部分介绍了主要组成部分，形象地阐述了仓颉编程语言的主要特性，让零编程基础的新手也可以迅速入门仓颉，在此基础上结合互联网热门垂直领域的潮流 App 设计，带领读者深入场景式 UI 开发体验。利用 CangjieUI+OpenHarmony 的组合，能够让读者在开发基于 DSL 的 App 时超快上手，从而可以快速开发基于 OpenHarmony 乃至跨平台的应用 UI。

本书共分 21 章：第 1~9 章介绍仓颉基础编程知识，从零起步介绍仓颉的主要特性，如面向对象编程、面向接口编程、函数式编程等，聚焦在语法层面；第 10~21 章基于强大的 CangjieUI 框架，实际切入各种场景化的精美 App UI 开发案例，助力读者彻底掌握使用 CangjieUI 框架开发各种复杂 App UI 的技巧。本书案例丰富，实操性系统性强，辅助读者更快地掌握本书的要点、难点。

本书可作为仓颉初学者的入门书，也可为想从事仓颉应用开发的人士或培训机构提供前置知识参考。

图书在版编目（CIP）数据

仓颉语言极速入门：UI全场景实战 / 张云波著. —北京：清华大学出版社，2024.6
（开发者成长丛书）
ISBN 978-7-302-62884-2

Ⅰ. ①仓…　Ⅱ. ①张…　Ⅲ. ①程序语言－程序设计　Ⅳ. ①TP312

中国国家版本馆CIP数据核字(2023)第037785号

责任编辑：赵佳霓
封面设计：刘　键
责任校对：胡伟民
责任印制：刘　菲

出版发行：清华大学出版社
网　　　　址：https://www.tup.com.cn，https://www.wqxuetang.com
地　　　　址：北京清华大学学研大厦 A 座　　邮　　编：100084
社　总　机：010-83470000　　邮　　购：010-62786544
投稿与读者服务：010-62776969，c-service@tup.tsinghua.edu.cn
质　量　反　馈：010-62772015，zhiliang@tup.tsinghua.edu.cn
课　件　下　载：https://www.tup.com.cn,010-83470236
印　装　者：三河市人民印务有限公司
经　　销：全国新华书店
开　　本：186mm×240mm　　印　张：28　　字　数：685 千字
版　　次：2024 年 7 月第 1 版　　印　次：2024 年 7 月第 1 次印刷
印　　数：1～2000
定　　价：109.00 元

产品编号：096766-01

前 言
PREFACE

近年来，随着信息产业的国产化浪潮席卷而来，与芯片、操作系统、应用框架、编程语言相关的基础设施如雨后春笋般崛起。在这个历史机遇下，以华为公司为代表的一些领头羊企业成为弄潮儿。OpenHarmony 打响了国产自主操作系统的第一枪，而且众多与 OpenHarmony 生态相关的公司正在诞生。可以预见，OpenHarmony 可以成为与 Android、iOS 两大移动端操作系统比肩的新力量，将来甚至可达到与 macOS、Windows 等桌面端系统的高度，而华为的另一力作——仓颉编程语言，必将是 OpenHarmony 之上的坚实代码依靠。

本书以仓颉的 UI 实战为主，语法部分介绍了仓颉编程语言的主要组成部分，形象地阐述了仓颉编程语言的主要特性，让零编程基础的新手也可以迅速入门仓颉，在此基础上结合互联网热门垂直领域的潮流 App 设计，带领读者深入场景式 UI 开发体验。利用 CangjieUI+OpenHarmony 的组合，能够让读者在开发基于 DSL 的 App 时超快上手，从而可以快速开发基于 OpenHarmony 乃至跨平台的应用 UI。

本书主要内容

本书内容是笔者在充分实践的过程中总结归纳得出的，一共分为两部分，内容如下：

第 1 章概要介绍仓颉的定位和主要特性。

第 2 章介绍如何开发第 1 个仓颉 Hello World 程序。

第 3 章从一个日常生活的应用场景引出仓颉的语法基础，让读者快速入门这门语言的大部分主要内容。

第 4 章介绍仓颉语法中的高级类型和类型转换。

第 5 章介绍仓颉的面向接口编程理念。

第 6 章介绍仓颉的函数式编程特性及一些常用的高级函数。

第 7 章介绍当程序遇到异常时，在仓颉语言中是如何处理的，包括现代编程语言中对空的新式处理。

第 8 章介绍非常流行的泛型编程，以及泛型接口和泛型约束等新奇方法。

第 9 章描述在仓颉语言中对异步编程和多线程的处理。

第 10 章开始全面介绍仓颉的 UI 框架，以及 CangjieUI 的基本使用方法。

第 11 章以咖啡杯的杯型选择为例，介绍 CangjieUI 中构建互动式 UI 的精髓要点，学完此章便可掌握如何快速构建 App 的 UI 组件。

第 12 章给出一个耳目一新的创意应用——飞我电瓶车，以打电瓶车为例，构建一个相关的整体 UI。

第 13 章介绍一个智能家居控制的应用——鸿蒙之家，覆盖了家庭内常用的智能化电器控制总览、单独控制的 UI 及用电量的柱状图统计互动实现，其中有网格组件 Grid 的使用，并且实现了一个系统尚未提供开关组件的从零开始的 UI 和互动实现。

第 14 章描绘一个非常经典的租车应用主要页面的实现，以及滚动列表的应用。

第 15 章带来笔者在 HarmonyOS 开发者创新大赛中决赛获奖作品——智能打蒜器第 1 个版本的 UI 实现。

第 16 章是一个日常生活中使用频率高的应用——绝汁水果。实现一个瀑布流的水果缩略图布局，以及页面式按钮的实现。在页面过渡时，首次使用了共享转场的视觉特效，非常惊艳。

第 17 章使用一些 CangjieUI 中的动画特效实现了一个旅游应用——畅游。启动页第一眼看过去就会让用户产生旅游的冲动，首页和内页的配合和布局恰到好处，可满足用户追求高端素雅的旅游产品需求。

第 18 章来到一个音乐应用——起司播客。作为用户经常使用的一种类型应用，如何布局和配色达到艺术审美是非常重要的。超美且简洁的 UI 是用户使用音乐类 App 的一大要素。

第 19 章通过一个风格化的旅游拼团 App，来介绍如何通过渐变、瀑布流、头像堆叠等 CangjieUI 中的经典用法，实现一个有深度的文化类应用。

第 20 章以一个 Web 端的生鲜配送网站为例，介绍 CangjieUI 在大尺寸屏幕上布局的应用能力。

第 21 章以一个炫彩流光的美妆电商网站为例，介绍如何制作复杂层次感和在深色系统主题背景下的高级 UI 组合。为最终使用 CangjieUI 实现复杂精美的平面应用 UI 布局打下坚实基础。

阅读建议

本书是一本基础快速入门加 UI 实战的书，有基础知识，有丰富示例，还有详细的操作步骤，实操性非常强。仓颉语言内容较多且处于发展阶段，所以本书力求精简，提供了代码供读者参照，由于 Cangjie 和 CangjieUI 框架更新比较快，建议读者届时获取最新的源代码以便可以立即复刻出效果。

本书从第 10 章开始讲解 UI 实战案例，读者在掌握了前面的基础知识后，可以通过 11 个非常有代表性的 App 案例项目来全面掌握 CangjieUI 的开发过程。不过读者无须按部就班地按书中的顺序学习这些案例，因为这些例子彼此之间相互独立，任意选择其中一章开始即可。

本书源代码和配套资源

扫描下方二维码，可获取本书源代码，以及第 11~21 章的工程图片资源。

本书配套资源

致谢

首先感谢家人在笔者写作过程中的理解和鼓励，使本书的顺利出版成为可能，写作期间一直得到华为仓颉团队的技术支持，在此表示衷心感谢；其次感谢清华大学出版社赵佳霓编辑的耐心帮助。

由于水平和时间的限制，本书难免存在疏漏之处，请读者见谅并不吝提出宝贵意见。

张云波

2024 年 5 月

目 录
CONTENTS

第 1 章

仓颉概览

第一款国产自主研发的现代编程语言终于诞生了，这是继华为发布鸿蒙操作系统（HarmonyOS）后，又一国产软件基础设施领域里程碑式的进步。

仓颉是黄帝时代的神话人物，相传为汉字的创造者，俗称制字先师或制字先圣，传说生有双瞳四目。

华为为这门新语言取名仓颉（英文采用拼音：Cangjie），内涵深远悠长，意味着国内也可以发明一门崭新的编程语言，严重依赖国外编程语言的日子即将被打破，与鸿蒙操作系统一样为国内信息产业界开创了一个全新的未来。

1.1 仓颉的定位

仓颉虽然是由华为所创的，但定位绝不仅是为了在鸿蒙操作系统上开发程序，而是结合了众多现代编程语言技术，面向全场景开发的通用编程语言。

对标的高性能高并发语言有 Rust、Go；简洁及现代语法特性借鉴于 Swift、Kotlin；脚本特性参考了 Python、JavaScript。

仓颉可以说是一门集大成于一身的编程语言，不仅对于编程新手和爱好者，即使是编程老手，同样值得参考学习。

1.2 仓颉主要特性

仓颉除了继承已有 C、C++、Java 等传统高级语言的优秀特性外，同时具有现代化编程语言（如 Go、Swift、Julia、Kotlin 等）众多高级特性。

1. 多范式编程

仓颉除了支持传统的面向对象编程以外，还有面向接口编程、高阶函数、模式匹配、泛型等函数式编程特性，可以更高效地编写简洁明快的代码，代码更少且更易懂。本书的第一部分内容将覆盖这些特性。

2. 自动类型推断

类型推断（或称类型推论、类型推导、隐含类型等）是指编程语言中在编译期自动推导出一个变量的数据类型的能力，是一些强静态类型语言的特性。函数式编程语言通常具有此特性。自动推断类型的能力让很多开发任务变得非常容易，让程序员可以在忽略类型标注的同时仍然可以进行类型检查。好比定义类型时，有一道隐形的安全检查，虽然程序员感知不到，但却可以保证类型安全。

大多数编程语言中的所有值有一种类型，描述了值的数据分类。一些语言，例如 JavaScript，值或表达式类型只在执行时才知道。此种语言通常被称作动态类型或弱类型语言，在声明时并不需要标注类型，而在另一些语言中，如 C 语言、C++、Java，表达式的类型在编译时就可以知道了，因为需要强制标注变量的类型，这些语言称为静态类型或强类型语言。在静态类型语言中，所有函数的输入和输出及局部变量的类型必须用类型标注，否则编译器会报错。

类型推断分为半自动和全自动推导演算的能力，把值的类型从表达式的最终计算中推导出来。因为此过程在程序编译时系统性地进行，编译器经常能推出变量的类型或函数的类型标注，而无须开发者给出明确的类型标注。在很多情况下，如果推导系统足够强壮或程序足够简单，则有可能完全从程序中省略类型标注。

要获得正确地推导出缺乏类型标注的一个表达式的类型所必要的信息，编译器可以随着给它的子表达式（它们自身可以是变量或函数）的类型标注的聚集和后续约束来收集这种信息，或者通过各种基本类型值的类型的隐含理解（例如整数、浮点数、布尔值、无返回值等）。通过表达式的最终约束到隐含类型基本类型值的识别，类型推断语言的编译器有能力编译完全没有类型标注的程序。

但是在高阶编程和多态性的高度复杂的情况下，编译器不能总是如此推论，偶尔需要程序员主动进行类型标注来去除不必要的歧义。

仓颉本身是强类型语言，即类似 Java、C/C++那样必须在代码编写阶段注明变量的类型，但是与这些语言不同的是，仓颉编译器可以自动推断变量的类型，这样变量声明写法就与 JavaScript 颇为类似了，这样在类型和写代码的强度上达到了一个非常好的平衡。大大降低了程序员的心智成本。在实践后，笔者发现仓颉具有很高阶的自动推断能力，绝大多数时候并不需要标注类型。

3. 自动内存管理

自动内存管理是仓颉语言运行时在执行过程中提供的服务之一。仓颉语言运行时的垃圾回收功能可为 App 管理内存的分配和释放。对开发者意味着在开发 App 时不必编写内存管理任务的代码。自动内存管理可解决大部分常见的问题，例如忘记释放一个仓颉实例对象并导致内存泄漏，或尝试访问已经释放了的一个仓颉实例对象的内存。

程序员不必再像 C/C++那样频繁地去手动管理变量的内存使用及分配，与 Java 相似，仓颉采用了垃圾回收机制进行管理，自动进行各种越界、溢出检查。如此一来可以让程序员避免频繁地申请、是否内存，或者操作指针造成程序或者系统的不稳定，并且可以专注在程序的业务实现上，不必过多地纠结于内存、系统资源的使用，可以在很大程度上提升开发效率。

4. 领域特定语言

领域特定语言（Domain Specific Language，DSL）是一种旨在特定领域下的上下文的语言。编程语言通常只提供通用的、普适性的语法，但很多时候程序员面对特定的、频繁的技术问题，希望创造出适合该特定领域的一套独有的语法模板，以适应相关专业领域的重复性工作或者纯粹迎合个人偏好，例如数据库领域常用的 SQL 语言，这种语言称为领域特定语言。

DSL 并不具备很强的普适性，它仅为某个领域而设计，但足以用于表示这个领域中的问题及构建对应的解决方案。HTML 也是 DSL 的一个典型应用，在 Web 网页的标准语言，尽管 HTML 无法进行哪怕简单的数学函数运算，但也不影响它在这方面的广泛应用。

DSL 的优点是对于领域的特征捕捉得非常好，同时它不像仓颉这种编程语言的常规语法那样包罗万象，学习和使用起来相对比较简单，因此在专业人员之间、专业人员和开发人员之间提供了一个沟通的桥梁。

本书的第二部分，主要就是在使用由仓颉 UI 框架开发的，一种编写 App 的 UI 界面的 DSL，远远比在安卓上使用 Java 开发 UI 高效。

5. App 快速开发

仓颉除了以上众多高级特性外，目前最实用的一个场景就是实现鸿蒙 App 的开发，有仓颉 UI 框架可供使用，将来也会支持跨平台 App 开发，包括其他手机端、平板端乃至桌面端，非常值得期待。

本书的一大特色就是拥有数量众多的精美 App 案例，供读者体验仓颉 UI 框架的强大和编写 App 的优雅高效。

第 2 章

第 1 个仓颉程序

书读百遍其义自见，拳不离手曲不离口。学编程最重要的事情讲三遍：写代码、写代码、写代码。不练习很难有编程的"手感"，解放你的双手吧！

2.1 安装及查看仓颉版本

因为仓颉的版本在不停地迭代更新，下载和安装过程越来越简化，可直接参照仓颉官网进行下载，安装时可参考安装说明，这里不再进行赘述。本书写作时以 Ubuntu 平台为例，仓颉安装完成后，在终端中使用 cjc -v 命令可以查看版本，如图 2-1 所示。

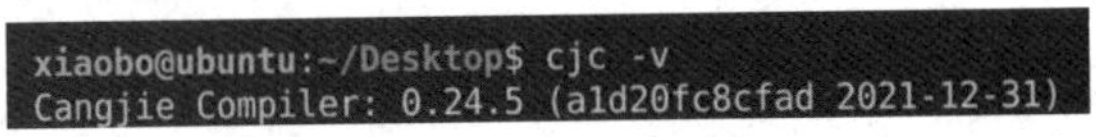

```
xiaobo@ubuntu:~/Desktop$ cjc -v
Cangjie Compiler: 0.24.5 (a1d20fc8cfad 2021-12-31)
```

图 2-1　查看仓颉版本

仓颉目前可以使用 Visual Studio Code 进行编写工作，Visual Studio Code 是微软公司推出的免费轻量级文本编辑器，功能非常强大，已经是程序员的标配编辑器，可在其上进行主流编程语言的轻量开发。安装了仓颉插件的 Visual Studio Code 如图 2-2 所示。

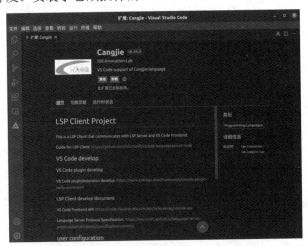

图 2-2　仓颉语法提示和高亮插件

2.2 Hello World

按照国际惯例，任何一门编程语言的入门，总是从 Hello World 这样一句标准的问候开始，仓颉也自然不能免俗。

2.2.1 编写第 1 个程序

新建一个文件夹，然后在其下新建一个 test.cj 文件，代码如下：

```
func main() {
    println("Hello World")
}
```

2.2.2 代码编译和执行

打开终端，在源码的路径下输入命令并按 Enter 键：

```
cjc test.cj -o test
```

此命令是把 test.cj 编译成 test 可执行程序。如果没有出现任何错误，则在目录下会生成一个 test 文件。执行此文件，终端会显示运行结果，使用命令行（或者双击此程序）执行。

```
./test
```

运行程序后会得到结果：

```
Hello World
```

恭喜你成功迈出了仓颉编程的第 1 步！

第 3 章

仓颉语法基础

本章带领大家领略仓颉的基础语法，包括变量、常量、基础类型、函数和流向控制，这些决定了一门编程语言的基础框架。

3.1 常量和变量

在实际生活和商业应用场景中经常伴随着各种数据，例如家里本月的燃气用量，每个月都是一个变化的数字，如 26.2 立方米，用户编号通常是固定的，如 105834。

这些量是燃气公司生成账单的重要依据，细化到计算程序中，使用常量和变量把一个易记忆的名字（例如 amountOfGas 或者 customerNumber）和一个指定类型的值（26.2、105834）关联起来。

常量的值一旦设置好就不能改变了，但变量的值可以随时根据需要进行改变。在仓颉语言中，使用 var 来定义一个变量，使用 let 定义一个常量，代码如下：

```
var amountOfGas = 26.2
let customerNumber = 105834
```

如果下个月的燃气用量是 30.8 立方米，则可赋予一个新的值。不再需要 var 进行定义，直接赋予新值即可，代码如下：

```
amountOfGas = 30.8
```

如果尝试改变一个常量的值，则仓颉编译器会在编译前给出提示，例如下面的这种给常量再次赋值的代码写法：

```
customerNumber = 23214
```

在 Visual Studio Code 中出问题的代码会被加上红色下画线，鼠标移动到其上时会给出提示，从而快速定位写法上的错误，如图 3-1 所示。

如果没有看到这个红色下画线提示，依然执行了编译命令，则终端同样会给出提示，如图 3-2 所示。

发现错误后，可以把此句删除或者注释掉，注释即把此句代码无效化，变成一段描述，

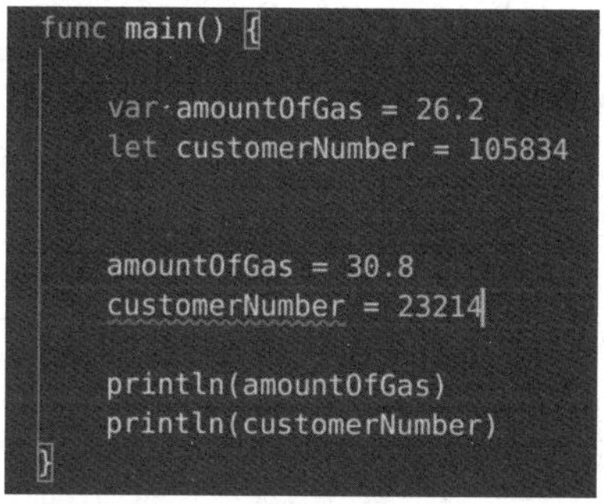

图 3-1 代码错误提示（红色下画线）

图 3-2 编译错误提示

方法是在此条代码之前加双斜杠(//)，如此一来其他代码依然可以顺利执行，如图 3-3 所示。

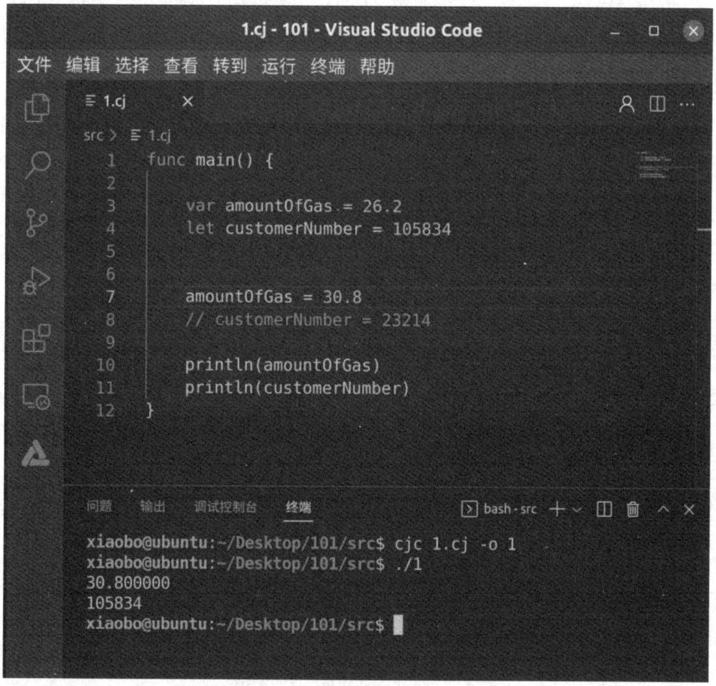

图 3-3 注释掉出错所在行代码

当在代码中加入一个常量或变量时,可以加上类型说明,说明要存储的值的类型。例如,煤气用量是个小数,户号是个整数。

3.2 类型自动推断

现在可在变量后面加上一个冒号和空格,再加上类型名称。注意,这是可选的,通常情况下并不需要特意加上,因为仓颉系统会自动推断所需要的常量或变量类型。

3.3 两种数值类型

小数可以用 Float64 来表示,整数可以用 Int64 来表示;Float 代表小数,Int 代表整数,64 是指 64 位的类型,现今计算机和手机的 CPU 基本是 64 位的,代码如下:

```
var amountOfGas: Float64 = 26.2
let customerNumber: Int64 = 105834
```

3.4 布尔类型

3.3 节提到整数和小数,那你一定容易想到,数字并不足以描述世界的丰富多彩,必然存在其他类型。常见的基本类型除了整数、浮点(小数)外,还有布尔、字符串、Unit、元组、区间、Nothing(无类型)。

虽然多出来的类型,看起来可能有点陌生,但依然可以从燃气场景衍生出使用这些基本类型的方法。

燃气公司遇到因为各种原因未及时缴费的客户几乎是必然的,所以从供应商的角度会保留一个是否欠费的 flag(标记),一开始标记为不欠费,即"否",这时可以用使用布尔(Boolean)类型,定义如下:

```
var overdue = false
```

布尔类型只有两个值,false 代表否。如果经过计费后显示用户欠费,就可以让这个标记的值变成"真",赋值如下:

```
overdue = true
```

监测这种变化,可在上下文加 println 显示,代码如下:

```
var overdue = false
println(overdue)

overdue = true
println(overdue)
```

输出结果可以看到变量 overdue（欠费）从一开始的 false 到 true 的变化，如图 3-4 所示。不过 false 和 true 看起来不算那么"清晰"，程序的使用者需要更明确的接近日常用语的表达方式。

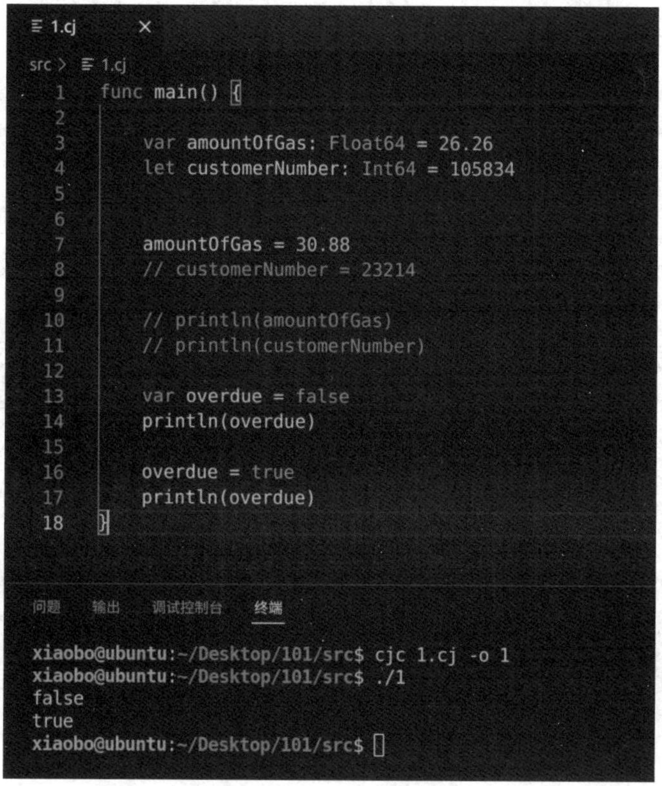

图 3-4　使用布尔类型

3.5　流向控制

有时需要根据实际场景对程序的执行流向进行控制。对于燃气公司来讲，如果用户欠费，则可能会发送一个短信提醒，代码如下：

```
if (overdue) {
    println("您已经欠费了！请及时充值，以免影响使用。谢谢")
}
```

这 3 句代码的是意思非常明确，if(含义：如果)overdue 的值是 true，则执行一对花括号内的代码（第二句代码），完整代码和执行结果如图 3-5 所示。

有的读者可能会问，如果不欠费呢？此时欠费语句不会被执行，但是燃气公司想向每月不欠费的用户发个问候。此时可给 if 语句加上一个分支：else，即另外一种情况下的程序流

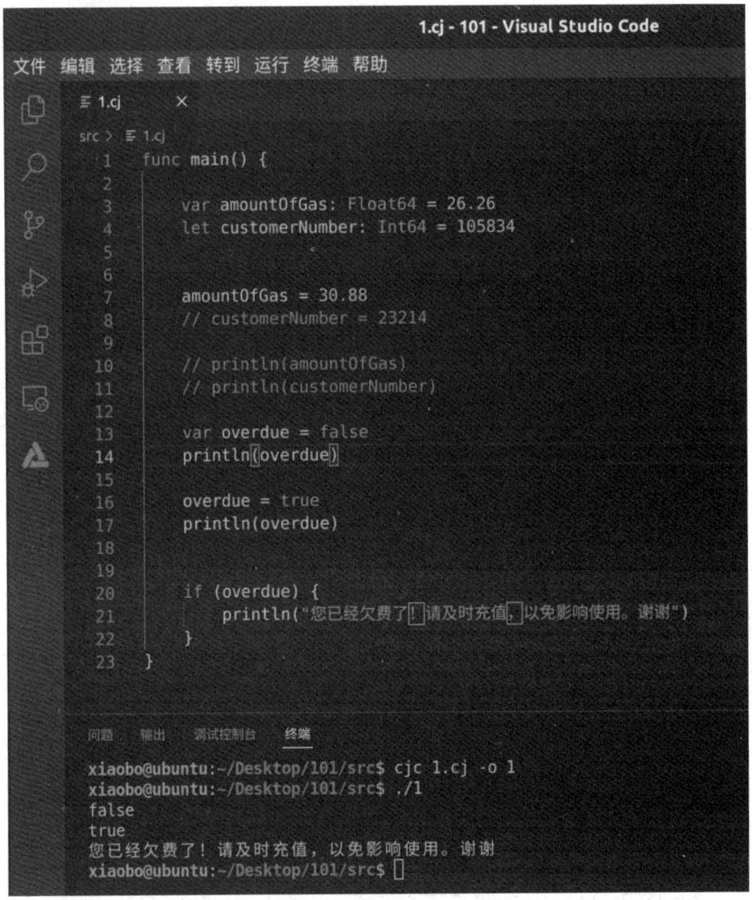

图 3-5 使用 if 语句

向，代码如下：

```
if (overdue) {
    println("您已经欠费了！请及时充值，以免影响使用。谢谢")
} else {
    println("感谢您使用本燃气公司服务，祝您生活愉快！")
}
```

为测试没有欠费的分支，可在 if 语句之前把 overdue 的值改成 false：

```
overdue = false
```

由此可知在软件开发过程中，可以改变变量的值，以确保每个分支都能够被测试到，减少 Bug 的产生。

相关代码和执行结果如图 3-6 所示。

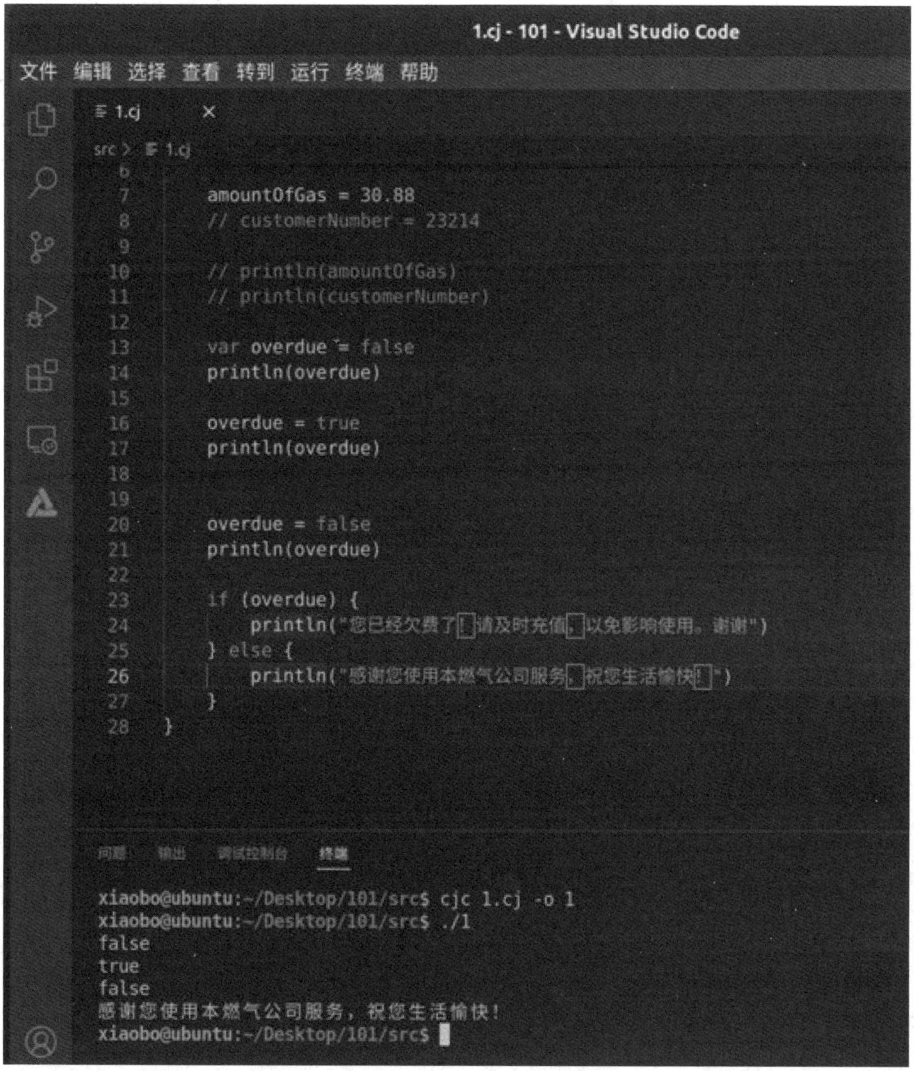

图 3-6 使用 if/else 分支语句

3.6 字符串类型

如果相关的文字提示非常多，并且可能在其他地方重复使用，则可以将这些提示统一用变量保存起来。此时可以使用字符串类型（String），定义如下：

```
let overdueText = "您已经欠费了！请及时充值，以免影响使用。谢谢"
let greetings : String = "感谢您使用本燃气公司服务，祝您生活愉快！"
```

这样在其他地方就可以重复地使用这些相关提示了，不必再写一遍。现在可修改 if 语句，修改后的代码如下：

```
if (overdue) {
    println(overdueText)
} else {
    println(greetings)
}
```

3.7　区间类型

燃气用量在实际生活中可能是按月来结算的，这时就需要一个序列，来表示一年中的 12 个月份。此时可以选择使用区间类型，可以非常方便地生成有序的数字，定义如下：

```
let months = 1..13
```

表示 months 变量包括从 1 一直到 12 的整数数字区间，但并不包括 13。如果想看得更明了一些，避免对上述写法可能包括 13 的误解，则可以用以下写法：

```
let months = 1..=12
```

这里可能新手会遇到一个常见的书写错误，"="号前后的空格问题。有个原则，变量赋值中的"="号，前后一定要加空格，其他语法处均不留空格。

虽然可能编译时不会遇到错误，但应养成标准的良好的编码习惯，这也是编程素养的一种，有助于你在这条路上走得更远。

```
let months=1..=12      //不建议的写法之一，因为第 1 个赋值=号前后均没有空格
let months= 1..=12     //不建议的写法之二，因为第 1 个赋值=号之前没有空格
let months = 1..= 12   //不建议的写法之三，因为第 2 个=号之后有空格
let months = 1..=12    //规范写法，第 1 个赋值=号前后均有空格，第 2 个=号前后无空格
```

3.8　循环控制

如果要对一个区间序列进行控制，例如显示用户去年每个月的用气量，则可使用循环控制语句，for-in 代码如下：

```
let months = 1..=12
for (month in months) {
  println(month)
}
```

for-in 语句用于对一个序列进行循环处理，in 后的部分是序列变量，in 之前的部分代表序列中的一个，months 代表所有月份，month 代表其中单个的月份。整体按 months 的个数执行花括号中的操作，依次输出各个月份，输出的结果如下：

```
1
2
3
4
5
6
7
8
9
10
11
12
```

3.9　字符串插值

很神奇，原来短短的 for-in 就能输出这么一长串数字，编程很有意思，不过上述例子略显枯燥。现在再来增加一些内容，例如显示得更人性化一些，"您 1 月的用气量：0 立方米。"，代码如下：

```
let months = 1..=12
for (month in months) {
    println("您${month}月的用气量：0立方米。")
}
```

这里用了一个 ${} 把 month 的值插入文字提示中，输出的结果如下：

```
您 1 月的用气量：0 立方米。
您 2 月的用气量：0 立方米。
您 3 月的用气量：0 立方米。
您 4 月的用气量：0 立方米。
您 5 月的用气量：0 立方米。
您 6 月的用气量：0 立方米。
您 7 月的用气量：0 立方米。
您 8 月的用气量：0 立方米。
您 9 月的用气量：0 立方米。
您 10 月的用气量：0 立方米。
您 11 月的用气量：0 立方米。
您 12 月的用气量：0 立方米。
```

3.10　函数

到此你可能意识到了，必须有一个函数用于计算每月的燃气费。假设燃气价格为 2.65 元每立方米，根据每个月的具体用气量，用简单的乘法就可以计算出当月的费用。对于这种频繁出现的计算公式，在编程中可以把它提取出来，用一个函数来表示。

以下是计算燃气月费的函数 monthFee()，代码如下：

```
func monthFee(amount: Float64, price: Float64) : Float64 {
    var total = amount * price
    return total
}
```

func 是 function（函数）的缩写，为仓颉语言的关键词，monthFee 是自己起的名字，括号内是两个参数，第 1 个是用气量，第 2 个是价格，均是浮点数（小数），用逗号分隔开。

后面加上冒号和类型，说明这个函数的计算结果也是浮点数（小数），最后加上花括号，在花括号的内部是计算的过程。

"*"相当于"×"，代表两个变量或者两个值相乘，相应的还有"+""-"和"/"，"/"代表除法。

这里定义了一个 total 变量，用于接受两个参数的乘积。最后用 return 语句返回函数的结果。现在看一下在 main()函数中（代码总体上也是运行在一个 main()函数中）如何来使用，代码如下：

```
var amountOfGas = 26.2
var price = 2.65

var bill = monthFee(amountOfGas, price)
println(bill)
```

把两个变量（燃气用量和价格），作为参数输入 monthFee()函数中，再用 bill（月账单）变量接受，最后输出 bill 的值，输出的结果如下：

```
69.430000
```

此函数看上去很简单，内部只有一个简单的乘法，但还定义了一个函数名，为何不直接用乘法？随着用气量的增加，月费计算公式可能会发生变化，例如如果当月用气量达到一个很高的数值，大多数城市的燃气公司则会触发一个阶梯型价格来重新计算超标后的燃气费。

此时使用函数的好处就显而易见了。只需更改函数内部的逻辑，在使用这个函数的地方不必对代码进行更新，代码如下：

```
//第 3 章/func1.cj
func main() {
    var amountOfGas = 26.2
    var price = 2.65

    var bill = monthFee(amountOfGas, price)
    println(bill)
```

```
    }

func monthFee(amount: Float64, price: Float64) : Float64 {
    var total = amount * price
    return total
}
```

如果用气量达到 360 立方米，价格变化为 3.12 元/立方米，则函数中的代码该如何写？

可以尝试结合上面讲过的 if 语句分段进行计算。第 1 步，把月费函数中的价格参数去除，置于内部，代码如下：

```
//第3章/func2.cj
func monthFee(amount: Float64) : Float64 {
    var price1 = 2.65 //第一档价格
    var price2 = 3.12 //第二档价格，用气量达到 360 立方米后

    var total = 0.0 //燃气费

    if (amount < 360.0) {
      total = amount * price1
    } else {
      total = amount * price2
    }

    return total
}
```

只需获得当月用气量，便可计算出正确的燃气费。使用此函数的代码如下：

```
//第3章/func3.cj
func main() {
    var amountOfGas = 26.2

    var bill = monthFee(amountOfGas)
    println(bill)

    amountOfGas = 380.2
    bill = monthFee(amountOfGas)
    println(bill)
}
```

运行结果如下：

```
69.430000
1186.224000
```

3.11　运算符

除了 3.10 节提到简单的加减乘除外，还有一种"增量"写法，即变量自身加减乘除的简写。以下两种写法完全相同：

```
var a = 6
a = a + 3  //a自加3
a += 3     //a自加3
```

用"增量"的写法更易理解。

减的运算符也可以采用相似的写法，可以称为减的"增量"，以下两种写法完全相同：

```
var b = 6
b = b - 3
b -= 3
```

3.12　使用库函数

一些常见的函数系统会提供，并不需要自己去写。这时只要查看库函数的文档，直接使用即可。

库的英文单词（Library）其实与图书馆是同一个词，想学习知识，大多数时候只要去查找即可，并不需要自己从头思考，懂得站在巨人的肩膀上是一种智慧。

例如上面的月费结果，很显然不需要那么多的位数，只需四舍五入保留 1 位小数。在仓颉的库函数文档中，可以在标准库找到 format 子库，用于格式化浮点数的显示。

如何导入一个库？只需一个语法，中文直译就是"从某库引入某个包"。把此句写在所有代码之上，也就是代码文件的开头起一行：

```
fro std import format.*
```

意为从标准库中导入与 format 相关的所有函数，代码如下：

```
//第3章/lib.cj
from std import format.*

func main() {
    var amountOfGas = 26.2

    var bill = monthFee(amountOfGas)
    println(bill.format(".1"))

    amountOfGas = 380.2
    bill = monthFee(amountOfGas)
```

```
    println(bill.format(".1"))
}
```

在使用时只需在 bill 变量后加上点及 format，这是调用这个 format（格式化）函数的一种语法，参数是一个字符串"·1"，意为保留 1 位小数。

执行结果如下：

```
69.4
1186.2
```

3.13 使用集合类型

燃气费用很显然是每个月都有的，为了查看历史账单，很显然需要把这些变量集中在一起，以便在使用时可更容易地进行循环。例如给用户显示过去 12 个月的账单情况。

此时就需要集合类型，集合类型是其他类型的多个组合，就好比很多人在一起，可以是一个工号的排列（Array）或者姓名的列表（List）再或者身份证号码的集合（Set）。

把用户过去 12 个月的用气量列成一行，用一个 amounts 变量来包含，代码如下。

```
let amounts = [215.7, 70.5, 43.9, 69.0, 35.1, 33.4, 21.2, 58.6, 127.8, 245.9,
387.5, 412.5]
```

结合前面学习过的 for-in 循环语句、函数、字符串插值，现在可以告别单个月份的费用计算，一次性生成过去 12 个月的用气量并输出费用，代码如下：

```
//第3章/collection.cj
from std import format.*

func main() {
    let amounts = [215.7, 70.5, 43.9, 69.0, 35.1, 33.4, 21.2, 58.6, 127.8,
245.9, 387.5, 412.5]

    for (amount in amounts) {
        let bill = monthFee(amount)
        let billText = "您当月的用气量是${amount.format(".1")},应缴纳费用是
${bill.format(".1")}"
        println(billText)
    }
}

func monthFee(amount: Float64) : Float64 {
    var price1 = 2.65 //第一档价格
    var price2 = 3.12 //第二档价格，达到 360 立方米后
```

```
    var total = 0.0 //燃气费

    if (amount < 360.0) {
      total = amount * price1
    } else {
      total = amount * price2
    }

    return total
  }
```

集合类型与区间类型一样，可以用 for-in 进行逐个循环操作。字符串插值的$\{\}$里面同样可以使用函数。

执行结果如下：

```
您当月的用气量是 215.7,应缴纳费用是 571.6
您当月的用气量是 70.5,应缴纳费用是 186.8
您当月的用气量是 43.9,应缴纳费用是 116.3
您当月的用气量是 69.0,应缴纳费用是 182.8
您当月的用气量是 35.1,应缴纳费用是 93.0
您当月的用气量是 33.4,应缴纳费用是 88.5
您当月的用气量是 21.2,应缴纳费用是 56.2
您当月的用气量是 58.6,应缴纳费用是 155.3
您当月的用气量是 127.8,应缴纳费用是 338.7
您当月的用气量是 245.9,应缴纳费用是 651.6
您当月的用气量是 387.5,应缴纳费用是 1209.0
您当月的用气量是 412.5,应缴纳费用是 1287.0
```

代码中的 amounts 用气量列表目前在代码中并未明确地标记类型，系统自动将其推断为 List<Float64>类型，意为其中元素是 Float64 类型的 List 集合。

这个列表虽然炫酷了点，不过还不够，依然需要给出具体的月份。可以对 List 中的元素再多加一个元素，从而变成另一种集合类型，代码如下：

```
let amounts2 = [(1,215.7), (2,70.5), (3,43.9), (4,69.0), (5,35.1), (6,33.4),
(7,21.2), (8,58.6), (9,127.8), (10,245.9), (11,387.5), (12,412.5)]
```

对于第 1 个元素，215.7 变成(1, 215.7)，即加入了一个序号，这样就形成了一种 1 对 1 的映射关系。有一个唯一性的关系，就像身份证号码只代表一个人，姓名可以重复，但身份证号码是不重复的。从而叫 Map（地图），Hash 是指"摘要"。

所以这个 amounts2 是一个 HashMap 类型。对于这个相对晦涩的名字现在不理解不要紧，先看使用方法，代码如下：

```
for ((month,amount) in amounts2) {
```

```
        let bill = monthFee(amount)
        let billText = "您${month}月的用气量是${amount.format(".1")}立方米, 费
用是${bill.format(".1")}元。"
        println(billText)
    }
```

因为 HashMap 中的元素由两个元素组成，所以在 for-in 循环中，用括号来包含，分别用不同的变量名来指代，输出的结果如下：

```
您 1 月的用气量是 215.7 立方米，费用是 571.6 元。
您 2 月的用气量是 70.5 立方米，费用是 186.8 元。
您 3 月的用气量是 43.9 立方米，费用是 116.3 元。
您 4 月的用气量是 69.0 立方米，费用是 182.8 元。
您 5 月的用气量是 35.1 立方米，费用是 93.0 元。
您 6 月的用气量是 33.4 立方米，费用是 88.5 元。
您 7 月的用气量是 21.2 立方米，费用是 56.2 元。
您 8 月的用气量是 58.6 立方米，费用是 155.3 元。
您 9 月的用气量是 127.8 立方米，费用是 338.7 元。
您 10 月的用气量是 245.9 立方米，费用是 651.6 元。
您 11 月的用气量是 387.5 立方米，费用是 1209.0 元。
您 12 月的用气量是 412.5 立方米，费用是 1287.0 元。
```

如果再人性化一些，可以在 for 循环中加入 if 语句，把超出阶梯价格的月份也同时进行标注，让用户免于对不同阶梯计算可能产生的误解，从而减轻客服不必要的负担，代码如下：

```
//第3章/for.cj
for ((month,amount) in amounts2) {
        let bill = monthFee(amount)

        var billText = "您${month}月的用气量是${amount.format(".1")}立方米, 费
用是${bill.format(".1")}元。"

if (amount >= 360.0) {
        billText += "注意：超过第一档阶梯用量 360 立方米，价格为第二档：3.12 元/
立方米。"
    } else {
        billText += "第一档用气量，价格：2.65 元/立方米。"
    }

        println(billText)
    }
```

这里又学到一个字符串的新用法，"+="语法，即在原有字符串的末尾，连接另一个字符串。这样就把两个字符串拼接起来了。

您 1 月的用气量是 215.7 立方米，费用是 571.6 元。第一档用气量，价格：2.65 元/立方米。

您 2 月的用气量是 70.5 立方米，费用是 186.8 元。第一档用气量，价格：2.65 元/立方米。

您 3 月的用气量是 43.9 立方米，费用是 116.3 元。第一档用气量，价格：2.65 元/立方米。

您 4 月的用气量是 69.0 立方米，费用是 182.8 元。第一档用气量，价格：2.65 元/立方米。

您 5 月的用气量是 35.1 立方米，费用是 93.0 元。第一档用气量，价格：2.65 元/立方米。

您 6 月的用气量是 33.4 立方米，费用是 88.5 元。第一档用气量，价格：2.65 元/立方米。

您 7 月的用气量是 21.2 立方米，费用是 56.2 元。第一档用气量，价格：2.65 元/立方米。

您 8 月的用气量是 58.6 立方米，费用是 155.3 元。第一档用气量，价格：2.65 元/立方米。

您 9 月的用气量是 127.8 立方米，费用是 338.7 元。第一档用气量，价格：2.65 元/立方米。

您 10 月的用气量是 245.9 立方米，费用是 651.6 元。第一档用气量，价格：2.65 元/立方米。

您 11 月的用气量是 387.5 立方米，费用是 1209.0 元。注意：超过第一档阶梯用量 360 立方米，价格为第二档：3.12 元/立方米。

您 12 月的用气量是 412.5 立方米，费用是 1287.0 元。注意：超过第一档阶梯用量 360 立方米，价格为第二档：3.12 元/立方米。

3.14　本章小结

恭喜你学完了仓颉语言的基础程序结构，接下来的章节将继续完善这个结构，扩充除基本类型以外的高级类型及函数的高级及扩展功能。

第4章

高 级 类 型

第 3 章中的基本类型（整数型、浮点型、字符串型）和集合类型可以应付基本的燃气用量场景，如果要处理更抽象的数据，则需更优雅的组合及包装方法，来达到更具生命力的高级类型。

本章将探索在仓颉语言中高级类型的奥妙及生命力，如图 4-1 所示。

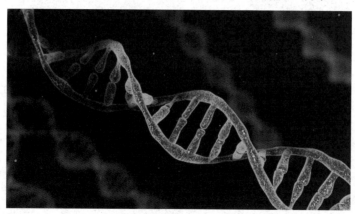

图 4-1　高级类型的生命力

4.1　记录类型

有时单一特征的描述显然不足以记录一个具体事物的丰富。例如电商平台上的一件热水器商品，有着众多的规格参数，在程序中可以把这些特征都集中起来，赋予一个"热水器 Heater"的名词，在仓颉语言中可以用"记录（record）"类型来模拟，定义代码如下：

```
record Heater {
    let brand = ""    //品牌
    let color = ""    //颜色
    let voltage = 0  //伏特（电压）
    let power = ""    //动力来源：电/燃气
    let liter = 0    //升（容积）
```

```
    }
```

这样就用了一个 Heater 记录类型，把一个热水器所需的参数集中了起来，今后可以作为一个整体使用。

这样就可以像函数一样，在其他地方重复使用这一记录类型，使用时可以赋予每个热水器参数具体的值，这样就实例化了一个热水器，代码如下：

```
    let heater1 = Heater(brand: "Media", color: "Silver", voltage: 220, power:
"Gas", liter: 20)
    let heater2 = Heater()
```

如此 heater1 和 heater2 就形成了两个不同的 heater，相当于各自所含参数的代言人，两个热水器之间除了有相同的参数结构外，各自的具体参数值毫不相干。

可以使用点语法来获得其成员的值，代码如下：

```
println(heater1.color)
println(heater2.voltage)
```

完整代码如下：

```
//第 4 章/record1.cj
//热水器
record Heater {
    let brand = ""    //品牌
    let color = ""    //颜色
    let voltage = 0   //电压（伏特）
    let power = ""    //动力来源：电/燃气
    let liter = 0     //容积（升）
}

func main() {
    let heater1 = Heater(brand: "Media", color: "Silver", voltage: 220, power:
"Gas", liter: 20)
    let heater2 = Heater()

    println(heater1.color)
    println(heater2.voltage)
}
```

执行后的结果：

```
Silver
0
```

当然记录类型不仅可以组合各自零散的基本属性，使其成为一个对外的整体，而且还可以对其中的成员进行一些额外的计算，使其具有某种功能。例外可以给热水器增加一个额定电流（安培）的成员，从而可以计算热水器的功率（电压×电流），无须手动计算功率值。

此例涉及计算，可参考第 2 章中的函数，把计算功率的函数嵌入 Heater 中，代码如下：

```
//第4章/record2.cj
//热水器
record Heater {
    let brand = ""    //品牌
    let color = ""    //颜色
    let voltage = 0   //伏特（电压）
    let power = ""     //动力来源：电/燃气
    let liter = 0      //升（容积）
    let ampere = 0     //安培（电流）

    func watt(): Int64 {   //计算功率
        return voltage * ampere   //电压乘以电流
    }
}
```

使用时可以轻松得出热水器的功率，代码如下：

```
//第4章/record3.cj
//热水器
record Heater {
    let brand = ""    //品牌
    let color = ""    //颜色
    let voltage = 0   //伏特（电压）
    let power = ""     //动力来源：电/燃气
    let liter = 0      //升（容积）
    let ampere = 0     //安培（电流）

    func watt(): Int64 {          //计算出功率
        return voltage * ampere   //电压乘以电流
    }
}

func main() {

    let heater1 = Heater(brand: "Media", color: "Silver", voltage: 220, power: "Gas", liter: 20, ampere: 5)

    println(heater1.watt())

}
```

函数的点语法与基本成员不同，会带有一对圆括号。执行效果如下：

```
1100
```

4.2 枚举类型

有时需要把一些有限且固定的数据列举出来归类，这样就可以很方便地调用，这种情况使用枚举是一个很好的选择。虽然这个词对于新手听起来可能比较陌生，不过不要怕，枚举就是一串固定的词的组合。

例如三原色就是红绿蓝；红绿灯包括红绿黄共 3 种颜色；英文字母，从 a 到 z 的 26 个字母。

这些固定的列表情况，在编程中用 enumerate（简写 enum）来表示再合适不过了，代码如下：

```
//第4章/enum1.cj
enum RGB {
    Red | Green | Blue
}

enum trafficLight { //红绿灯颜色
    Red | Green | Yellow
}
```

与 if-else 语句只能处理两种情况的分支相比，enum 用于多种情况下的程序分支处理，代码如下：

```
//第4章/enum2.cj
    let color = RGB.Blue

    match (color) {
        case Blue => println("是蓝色～")
        case Green => println("绿色呢！")
        case Red => println("红色啊！")
    }
```

使用 match（含义匹配）可对一个枚举型的变量进行匹配。把符合其中每项（case）的情况分别进行处理，其中 case 和 match 与 let 一样都是仓颉的语法关键字。Blue 是指 RGB 这个枚举类型中的值。"=>"箭头后是匹配成功后的处理。

再进一步，match 还可以直接赋值，用一个变量来接收，代码如下：

```
//第4章/enum3.cj
    let light = trafficLight.Yellow
```

```
    //用 info 变量来接收 match 匹配后的值
    let info = match (light) {
        case $Red  => "红灯停"
        case $Green  => "绿灯行"
        case $Yellow  => "黄灯亮时需要注意过往车辆"
    }

    println(info)
```

执行结果如下：

是蓝色～
黄灯亮时需要注意过往车辆

4.3 类

类（class）在高级类型中是一个相对特殊的存在，它是为面向对象编程准备的。面向对象编程是一种采用类似生物学的基因遗传概念，通过打造一个有着共通的属性为基础的祖先类，衍生出多种分支，称为子类，所以面向对象有封装、继承、多态 3 个基本特征。

4.3.1 类的封装

在 record 记录类型中的"热水器 Heater"中其实已经体会了什么是整体封装，整体封装就是把各种属性和函数组合在一起，对外形成了一个统一的整体，称为封装。

那么封装的粒度可不可以细致到属性级呢？用类实现 Heater，代码如下：

```
//第4章/class1.cj
class Heater{
    var brand = ""    //品牌
    var color = ""    //颜色
    var voltage = 0   //电压（单位伏特）
    var power = ""    //动力来源：电/燃气
    var liter = 0     //容积（单位升）
    var ampere = 0    //电流（单位安培）

    func watt(): Int64 {          //计算出功率
        return voltage * ampere   //电压乘以电流
    }
}
```

注意：此时所有相关的属性必须使用变量（var）。与 record 类型相比较，类中的绝大多数属性是可变的，代码如下：

```
//第4章/class2.cj
```

```
func main() {

    let heater1 = Heater()

    heater1.voltage = 220
    heater1.ampere = 5

    println(heater1.watt())

    heater1.voltage = 110
    heater1.ampere = 6
    println(heater1.watt())
}
```

可以看到，用 Heater()来实例化了一个 heater1，此时可以直接更改原始的各种属性，并可赋予不同的值，而且随时可以更新任意属性的值。例如电压和电流的改变，将会直接影响额定功率的值，输出如下：

```
1100
660
```

当然，如果希望封装的程度加深，当更改属性的值时只能通过内部的函数进行，则此时可以把属性保护起来，这样属性就处在被保护状态，代码如下：

```
protected var brand = "" //品牌
```

如果想修改品牌的值，则可以增加一个内部的函数，代码如下：

```
func setBrand(name: String) {
    this.brand = name
}
```

如果内部想要引用 brand 属性，则必须加上 this 和 "."。this 代表这个 Heater 的实例，即实际生成一个 Heater 的 heater1、heater2 等。

再配套一个输出品牌的函数，代码如下：

```
func getBrand(): String {
    this.brand
}
```

如此一来，就把直接修改品牌的过程用函数保护了起来，这也是封装的一种，避免了直接修改可能导致的潜在性的破坏，代码如下：

```
//第 4 章/class3.cj
func main() {
```

```
    let heater1 = Heater()

    heater1.setBrand("Media")
    println(heater1.getBrand())

    heater1.setBrand("Haier")
    println(heater1.getBrand())
}
```

输出的结果如下：

```
Media
Haier
```

如果还不能理解为何要如此烦琐地进行封装的意义，或许可以回到面向对象编程的生物学参考场景：一个生物的内部组成，一般是不允许外部对其进行直接变更的。

例如一只小鸟近视了，如图 4-2 所示，此时想对小鸟近视的眼睛直接进行修复，然而这几乎是不可能的。

图 4-2 小鸟眼睛也可以视为一种封装

因为这种修改毫无疑问地会破坏小鸟眼睛的完整性，小鸟并不是人类设计的，直接尝试的后果极有可能导致小鸟失明。

所以可以把封装直接理解为某种对内部属性的保护，而由内部函数来修改无疑从设计者的角度保障了对属性的修改有足够的安全性。

从修改品牌的命名上看，修改使用 setBrand，而获取使用 getBrand，set/get 的成对使用成为面向对象编程中对修改一个属性的默认动词。

如果说品牌名称还存在更改的可能性，则对于国内售卖的热水器来讲，电压几乎是不可更改及不可设置的。那么这种保护几乎是固定的，可见的未来都不会发生变动。此时可以把电压属性"静态化"，用 static 关键字修饰变量，代码如下：

```
static let voltage = 220 //电压（伏特）
```

从以上代码可能看出来了，其实电压是由外部标准指定的通用值，热水器设计者只能遵守。指定为静态属性后，可以不进行实例化也能使用，因为任何热水器的这个值都是一样的。

```
println(Heater.voltage)
```

执行结果如下：

```
220
```

加了封装保护和静态修饰后的 Heater 定义，代码如下：

```
//第4章/class4.cj
class Heater{
    protected var brand = ""      //品牌
    var color = ""                //颜色
    static let voltage = 220      //伏特（电压）
    var power = ""                //动力来源：电/燃气
    var liter = 0                 //升（容积）
    var ampere = 0               //安培（电流）

    func watt(): Int64 {         //计算出功率
        return voltage * ampere  //电压乘以电流
    }

    func setBrand(name: String){//设置品牌
        this.brand = name
    }

    func getBrand(): String {    //获取品牌
        this.brand
    }
}

func main() {

    let heater1 = Heater()

    println(Heater.voltage)
```

```
}
```

4.3.2　类的继承和多态

　　既然类的概念来自生物学，生物繁衍生生不息的主要原因是基因的继承。例如，A 可以从 B 那里继承函数、属性等。A 被称为子类，B 被称为父类，是明确的父子关系。

　　如果根据需要创建了一系列拥有继承关系的类，则可以定义一个视为源头的类，这个类不继承其他的类，可称为基类，意为从此类衍生出后续所有的子类。

　　来举一个生活中常见的例子，车都有着一些共性，例如速度、性能、耗油量、发动机类型、噪声值等。

　　以下是一个"车（Che）"的基类定义：

```
//第 4 章/extend1.cj
class Che {                  //车的基类定义
    var currentSpeed = 0.0   //当前速度
    func description() {     //描述
        println("行驶速度：${currentSpeed}km/s")
    }
    func makeNoise() {
        //车启动的声音
    }
}
```

　　Che 有一个当前速度（currentSpeed）的属性，还有一个当前车的描述（description）函数，里面只简单地描述了车的行驶速度，然后留下一个车启动声音的空函数。

　　那么实例化 Che 进行测试，代码如下：

```
func main(){
    let che1 = Che()
    che1.description()
}
```

　　输出的结果如下：

```
行驶速度：20.000000km/s
```

　　现在来定义一个自行车类，与基类的变化是，自行车会发出叮叮叮的声音。此时需要对基类进行改造，标明本身是可以被继承的，发声的函数可以被覆盖，代码如下：

```
//第 4 章/extend2.cj
open class Che {
    var currentSpeed = 20.0
    func description() {
        println("行驶速度：${currentSpeed}km/s")
```

```
    }
    open  func makeNoise() {
        //车启动的声音
    }
}
```

如上代码，只要在 class 之前加上 open，并且在 func 之前也加上 open，就可以继承此类，并对想修改的函数进行覆盖。

自行车（Bike）的类，代码如下：

```
//第 4 章/extend3.cj
class Bike <: Che {
    override func makeNoise(){
        println("叮叮叮")
    }
}
```

override 加在函数前是指覆盖了基类中的相同函数，测试代码如下：

```
//第 4 章/extend4.cj
func main(){
    let che1 = Che()
    che1.description()

    let bike1 = Bike()
    println(bike1.currentSpeed)
    bike1.makeNoise()
}
```

输出的结果如下：

```
行驶速度： 20.000000km/s
20.000000
叮叮叮
```

可以看到，Bike 继承了 Che 的特征，可以直接使用基类 Che 的 currentSpeed 速度属性，但同时覆盖（override）了基类的 makeNoise 空函数，因此可以直接执行 Bike 自己的 makeNoise 函数。

这里的覆盖是类的多态的体现，代表在类的继承中体现出的多种不同状态，如图 4-3 所示，每一代的子类相比上一代有发展进化的含义，是不是非常有趣？

类这种面向对象编程背后的逻辑非常简单，就是代码重复使用，如图 4-4 所示。试想一下，如果把碰到的所有情景都从最基础的开始定义，不能运用以往的经过实践验证的代码，那将是非常费时且容易出错的，而且因为抽象程度不够，编码可能陷入比较原始的思维中去。

图4-3　类的多态进化

　　举个最简单的例子，如图4-5所示，print 函数就像是键盘上最常用的 Enter 键，print 这个函数执行后可将一串内容输到屏幕上，如果不能重复使用这个函数，则可能要研究如何让显示器显示一个点、一条线，并且要研究如何处理各种语言文字的数据，那对初学者来讲显然是非常不友好的，而且极容易让人放弃。

图4-4　类的重用（REUSE）理念

图4-5　最常用的 print 函数

　　接着举个继承的例子，其实自行车还可以衍生，例如双人自行车，它既是车，又是自行车；从基类来讲，它成了一个孙类。

　　双人自行车可以增加自己的新属性，如当前乘客人数，还可以增加之前自己的父类自行车没来得及增加的"有车篮"属性，及双人自行车同样可以覆盖父类（Bike）的声音属性，代码如下：

```
//第4章/poly1.cj
//自行车
open class Bike <: Che {
    open override func makeNoise(){
        println("叮叮叮")
    }
}


//双人自行车
class ShuangRenBike <: Bike {
    var numOfPassenger = 1 //当前骑车人数
    var hasBasket = true
    override func makeNoise() {
        println("叮当叮当叮当")
    }
}
```

注意 Bike 要与 Che 一样，标记成 open，只有这样才可被继承。测试代码如下：

```
//第4章/poly2.cj
func main(){
    let che1 = Che()
    che1.description()

    let bike1 = Bike()
    println(bike1.currentSpeed)
    bike1.makeNoise()

    let srbike1 = ShuangRenBike()
    srbike1.numOfPassenger = 2
    srbike1.hasBasket = false
    srbike1.currentSpeed = 10.0
    srbike1.makeNoise()

    let srbike2 = ShuangRenBike()
    srbike2.numOfPassenger = 1
    srbike2.currentSpeed = 15.0
    srbike2.makeNoise()

     if (srbike1.hasBasket) {
        println("这辆双人自行车有篮子！")
    } else {
        println("这辆双人自行车没有篮子！")
    }
```

```
    if (srbike2.hasBasket) {
        println("这辆双人自行车有篮子！")
    } else {
        println("这辆双人自行车没有篮子！")
    }

    srbike1.description()
    srbike2.description()

}
```

测试结果如下：

```
行驶速度：20.000000km/s
20.000000
叮叮叮
叮当叮当叮当
叮当叮当叮当
这辆双人自行车没有篮子！
这辆双人自行车有篮子！
行驶速度：10.000000km/s
行驶速度：15.000000km/s
```

4.4 类型转换

有时为了计算或者确认，需要进行相应的类型转换。例如把整数转换成小数，将字符串转换成整数。

以下代码是把整数型的变量转换成小数型（Float64）的变量，代码如下：

```
//第4章/cast.cj
func main() {
    let volumeInt = 10
    let volumeFloat = Float64(volumeInt)

    println(volumeInt)
    println(volumeFloat)
}
```

输出的结果如下：

```
10
10.000000
```

在实际场景中经常会遇到字符串类型的数字，此时需要转换成数值型来使用。例如煤气用量的 10，想要转换成数值以便参与计算，可以使用以下代码实现转换功能：

```
//第 4 章/convert.cj
from std import convert.*

func main() {
    let volume = "10"
    let volumeInt = parseInt64(volume)

    println(volume)
    println(volumeInt ?? 0)
}
```

首先从 std 库中导入了 convert 库，这样便可以使用其中的 parseInt64 函数，此函数可以将字符串形式的数值转换成对应的数值型，结果如下：

```
10
10
```

你可能对代码中的"volumeInt ?? 0"感到疑惑，这句代码的含义为如果 volumeInt 转换不成功，则输出 0。

类型转换中常见的障碍是，可能并不能顺利转换，例如一串汉字就无法转换成数值，这种转换就会失败，所以需要一个安全机制，如图 4-6 所示的保险丝一样，即使转换不成功，也有默认的值，因此不至于造成程序崩溃。

parseInt64 函数默认自带了这种保险，转换后并不是一个直接的值，而且一个盲盒，需要拆开来才知道到底成功与否。"??"操作符就是用来拆包的，如果不成功，则返回"??"操作符右侧的值。

立即来试验一下，代码如下：

图 4-6　类型转换的"保险丝"

```
//第 4 章/optionalcheck.cj
from std import convert.*

func main() {
    let volume = "10立方米"
    let volumeInt = parseInt64(volume)

    println(volume)
    println(volumeInt ?? 0)
}
```

输出的结果如下：

```
10 立方米
0
```

可以看出，由"10 立方米"这一串文字，并不能得出 10 这个数字，所以输出的是 0。当然也可以不用 0，例如用一个绝对不可能的值来代替，代码如下：

```
//第 4 章/optionaldefault.cj
from std import convert.*

func main() {
    let volume = "10 立方米"
    let volumeInt = parseInt64(volume)

    println(volume)
    println(volumeInt ?? -9999)
}
```

输出的结果如下：

```
10 立方米
-9999
```

有时可能会遇到要确定某个变量是某种类型的情况，在这种情况下可以使用 is 操作符，以避免对类型认知出现错误，减少 Bug 的产生。

使用 is 操作符的结果是布尔类型，只会有 true 和 false 两个值，从而可以使用 if 语句进行下一步的操作，测试代码如下：

```
//第 4 章/is.cj
func main() {
    let volume = 10.0
    let tips = "一串文字"
    let win = true

    println(volume is Float64)
    println(volume is Int64)
    println(tips is String)
    println(win is Bool)

    if (win) {
        println("恭喜！你赢了！")
    } else {
        println("很不幸，你输了！再来一次吧！")
    }
}
```

```
    }
```

输出的结果如下：

```
true
false
true
true
恭喜！你赢了！
```

有时看到 Int8、Int32、Int64 和 Float64 之类带数字的不同类型会稍显迷茫，仓颉默认的是 64 位，所以可以起一个新名字来使用，定义代码如下：

```
type Int = Int64
type Float = Float64
type Str = String
type B = Bool
```

起一个新名字后在代码中就可以一劳永逸地使用自己命名的新类型名来代替那些难记忆的名字，测试代码如下：

```
//第4章/istest.cj
func main() {
    let volume = 10.0
    let currentSpeed = 40
    let tips = "一串文字"
    let win = true

    println(volume is Float)
    println(currentSpeed is Int)
    println(tips is Str)
    println(win is B)
}
```

实际上可以使用任意词，新名称有个术语"类型别名"，代码如下：

```
//第4章/alias.cj
type Zhengshu = Int64     //整数
type Xiaoshu = Float64    //小数
type Wenben = String      //文本
type Shifou = Bool        //是否

func main() {
    let volume = 10.0
    let currentSpeed = 40
    let tips = "一串文字"
```

```
    let win = true

    println(volume is Xiaoshu)
    println(currentSpeed is Zhengshu)
    println(tips is Wenben)
    println(win is Shifou)

}
```

4.5 本章小结

　　本章讨论了各种高级类型，以及面向对象编程。恰当、熟练地使用这些高级类型，有助于编程迈向更高层次的抽象化、封装化，从而减少代码的重复，以及提升效率。第 5 章将讨论面向对象编程的下一代升级版本——面向接口编程。

面向接口编程

本章将领略在仓颉语言中面向对象编程的下一代进化，即面向接口编程的魅力，如图 5-1 所示。

图 5-1　USB 接口非常便利，随处可见

相信大家已经可以相当熟练地使用 USB 接口，例如 U 盘、USB 网银、通过 USB 给手机充电。

在现代的高级编程语言中，也越来越广泛地使用"接口"的概念，而且越来越魔幻，坚持看完本章，大家定会深度体验面向接口编程的无穷乐趣。

5.1　接口

从字面意思来讲，接口仅仅是一个定义，例如 USB-C 接口是一套 IEEE 标准规范。需要有具体的产品，例如 iPad、Huawei Mate 手机根据规范去实现 USB-C 接口。

在仓颉语言中，接口也只是一个虚拟的高级类型，定义了规范，而未实现。需要有一个具体的类型，例如 record、class 去实现接口。举个例子，使用 interface 关键字定义一个接口 I1，代码如下：

```
interface I1 {
    func aa() {
    }
}
```

接口 I1 内有一个空函数 aa()，里面没有任何代码。此时定义一个 record 类型实现了 I1 接口，代码如下：

```
record r1 <: I1 {
    func aa() {
        println("aa OK!")
    }
}
```

record 类型 r1 同样没有任何功能，但实现了 I1 接口，使用操作符 "<:"，然后在内部只需写一个与 I1 规定的函数名一样的函数，并且有代码。再来定义两个接口，代码如下：

```
//第5章/two.cj
interface I2 {
    func bb() {

    }
}

interface I3 {
    func cc() {

    }
}
```

同样 I2、I3 内部各包含一个没有任何代码的空函数 bb、cc。虽然这 3 个接口看起来空空如也，但至少规定了其中 3 个函数的名字。现有一个实在的高级类型，例如上面的那个 record 类型，同时实现了 I1、I2、I3 接口，代码如下：

```
//第5章/combo.cj
record r1 <: I1 & I2 & I3 {
    func aa() {
        println("aa OK!")
    }

    func bb() {
        println("bb OK!")
    }

    func cc() {
        println("cc OK!")
    }
}
```

一种类型实现了 3 个接口，用 "&" 操作符把 3 个接口连接起来即可。以此类推，可以实现无限多个接口，仓颉语言对比并无限制。

实现了接口以后，使用同样非常简单，代码如下：

```
//第5章/testcombo.cj
func main() {
    let r11 = r1()
    r11.aa()
    r11.bb()
    r11.cc()
}
```

运行结果如下：

```
aa OK!
bb OK!
cc OK!
```

从上面的代码可以看出，接口其实就是一个拥有实体的类型，实体可以认为是有具体代码的类型，并且对自身功能进行了扩展。

例如一台 HuaweiMate 手机拥有 USB-C 接口，如图 5-2 所示，从而可以很方便地与一台同样支持 USB-C 接口的 MacBook、小米计算机等进行连接，不再局限于同品牌。

图 5-2　接口的通用性

5.2　扩展既有类型

既然接口具有扩展实体类型的功能，那么可不可以对在仓颉语言中既有的读者已经熟悉的类型（例如字符串、数值等）进行扩展呢？答案是当然可以。

以上面的 3 个 I1、I2、I3 接口为例，可以对 String 进行扩展，让其实现 3 个接口，扩展时只需使用 extend 关键字，与 record 类型实现接口非常类似，代码如下：

```
//第5章/extend.cj
```

```
extend String <: I1 & I2 & I3{
    func aa() {
        println("aa OK!")
    }

    func bb() {
        println("bb OK!")
    }

    func cc() {
        println("cc OK!")
    }

}
```

具体使用的代码如下：

```
//第5章/extendtest.cj
func main() {

    let p = "sdf"
    p.aa()
    p.bb()
    p.cc()
}
```

输出的结果如下：

```
aa OK!
bb OK!
cc OK!
```

通过以上代码看出接口的便利所在了吧？在不需要更改既有类型的任何代码的基础上，接口可以对既有的类型扩展出任意想要的功能。这样在不会发生侵入性的代码变化产生副作用的前提下实现了功能扩展。

是不是颇有打破面向对象编程纯继承关系那么深度绑定的意味了？与此同时，接口还能为其他类型所有，并不为一种类型所垄断。

5.3 面向接口编程

试想学了仓颉以后，你可以在鸿蒙操作系统上开发一个类似阿凡达的大型 3A 级游戏，你还可以使玩家具备骑摩托、驾驶汽车、开飞机的能力，甚至可以驾着各种潘多拉星球的大翼龙飞行，如图 5-3 所示，非常刺激。

图 5-3　翼龙具有"可飞行"接口

这里的要点是，很多游戏中的 NPC（非玩家角色），例如车辆、飞行器、翼龙等，具备供玩家驾驶或者飞行的能力。

通常实现这些功能的方法是面向对象编程，可以把所有这些逻辑封装到一个基类，然后衍生一堆类去继承。基类可以内嵌驾驶和飞行逻辑。

然后可以创建一堆与车辆相关的 class，给翼龙添加一个飞行能力。经过编码后会发现轿车和摩托车共享很多功能，所以创造了一个自动车的基类，从而衍生出轿车和摩托车。

与此同时，还可以设计一个飞行器基类，从而衍生出固定翼飞机，如图 5-4 所示。

图 5-4　飞行器也具备可飞行接口

"完美的设计！"你可能会想。不过，这款游戏非常超前，车辆也有可能会飞，翼龙不能飞时，也可以临时充当骑行工具，在路上奔跑。让玩家具备更丰富的游戏体验，在资源紧张时充分利用手头工具的潜能。

这时就会出现新的问题，如何让车具备飞行器的功能，或如何让翼龙具备自动车的功能呢？

你可能会想要创建另一个基类，合成这两个基类的功能。无论如何，并没有简单的方法可以实现这种合并。

此时需要一种新的思维：面向接口编程。

什么是面向接口编程？简单来讲，接口可以让你把相似的函数、属性进行组合。在仓颉语言中，所有的类型都可以实现接口，包括 class、enum、record 类型。不过其中只有 class 具备继承功能，所以理论上，可以不使用 class 就可以实现类似继承的功能。

在仓颉语言中接口的最大优点是可以多重组合。实现一种类似混血继承、外骨骼增强型效果，而不必有强绑定的父子继承关系。

如此一来，代码就可以实现模块化了。使用模块化的接口去定义一个大程序的所有功能。

当需要一个新功能的时候不用去增加一个新对象，而是加上一个新接口即可，这样非常轻量。就好比你想要听懂英文，不需要找老师学上好久，只需购买一个现在已经非常好用的同声 AI 翻译机，你不需要改变自己，时间成本极大地降低了。当需要懂法语时，把机器升级一下即可。

有了以上的认知，就可以把这些基类替代成各种接口。有了这些接口，就可以创建一个同时实现自动车和飞行接口的飞行汽车，听起来是个绝妙的思路。

5.4　定义基础接口

首先定义一个龙（Dragon），代码如下：

```
interface Dragon {
    prop let name : String
    prop let canFly: Bool
}
```

直接使用 interface 来表示一个抽象的 Dragon，赋予两个属性，即 name 和 canFly，变量前加上 prop 代表属性，属性是一个特殊的函数，对变量进行取值和设值的包装。

接下来是可飞行（Flyable），代码如下：

```
interface Flyable {
    prop let speed: Float64
}
```

很简单，只有一个速度属性。

在使用接口之前，开发者可能都要从 Flyable 这个基类开始，作后续相关依赖此基类的继承，但是在面向接口编程中，任何功能都是从接口开始。这个技术允许封装功能的雏形，但不需要一个基类，取而代之的是基口。

你可能已经感觉到了，这样的方法，可以让自定义高级类型时整个结构显得十分灵活。

5.5 实现接口的类型

使用 record 而不是 class 类型来定义飞的龙，代码如下：

```
//第5章/flydragon1.cj
record FlyDragon <: Dragon & Flyable {
    var frequency: Float64
    var amp: Float64

    prop let name : String {
        get() { "Fly Dragon" }
    }

    prop let canFly : Bool {
        get()  { true }
    }

    prop let speed : Float64 {
        get() {  5.0 * frequency * amp }
    }

}
```

以上代码定义了一个新 record 类型，同时实现了 Dragon 和 Flyable 接口，因为三者皆是常量属性，所以只有 get()取值代码的函数体。速度 speed 是一个由频率（frequency）和振动幅度（amp）变量相乘再与 5 相乘组合出来的属性。

因为飞龙必须是会飞的，所以直接取 true，名字为 FlyDragon。

有了上面的例子，现在可以用来定义具体的结构，例如恐龙（Dinosaur）和翼龙（Pterosaur）的结构，代码如下：

```
//第5章/dinosaur1.cj
record Dinosaur <: Dragon {
    prop let name : String {
        get() { "恐龙" }
    }

    prop let canFly : Bool {
        get()  { false }
    }
```

```
        }
```

恐龙默认为不会飞的，所以取值是 false，但是如果是恐龙中的翼龙，那就得会飞了。不过注意，这里翼龙与恐龙就不是继承关系了，翼龙可以理解成"会飞的龙"，而不是"会飞的恐龙"。

所以从代码的角度来看，翼龙的组成发生了重大变化，普通的龙只要实现"飞行"的接口就可以认为是翼龙了，而不一定非要先成为恐龙。

这就很有意思，长久以来，人们认为只有鸟会飞，会飞的一定是鸟。如果看到一个人在飞，则可能是个带有翅膀的鸟人（幻想出来的生物），但是当人类发明飞机后，发现人没有翅膀也能飞，于是飞行的概念就发生了重大的变化，大大加速了人类文明的进步。

所以翼龙的代码如下：

```
//第5章/pterosaur.cj
record Pterosaur <: Dragon & Flyable {
    var v : Float64

    prop let name : String {
        get() { "翼龙" }
    }

    prop let canFly : Bool {
        get() { true }
    }

    prop let speed : Float64 {
        get() { v }
    }

}
```

现在开始来生成一只翼龙，代码如下：

```
//第5章/ptest.cj
func main() {
    let p1 = Pterosaur(v: 40.5)

    println(p1.name)
    println(p1.speed)

    if (p1.canFly) {
        println("${p1.name}是会飞的龙。")
    } else {
        println("${p1.name}不会飞。")
```

```
        }
    }
```

生成一个翼龙时，直接将速度 v 设置为 40.5，speed 属性并未类似上面的 FlyDragon 中
那样对频率乘振幅的算式进行包装，所以直接返回 v 的值。

输出的结果如下：

```
翼龙
40.500000
翼龙是会飞的龙。
```

此时你会发现，每只翼龙的名字都相同，这是因为之前设置的是常量。那么我只需将
Dragon 接口中的 name 定义为变量，便可更改翼龙的名字，代码如下：

```
interface Dragon {
    prop var name : String
    prop let canFly: Bool
}
```

对应的 Dinosaur 和 Pterosaur 中的 name 实现，加上设置字段 set()即可。另外需要注意的
是，接口中的属性都是对变量的包装，本质上是一个函数。

所以如果要让属性可设置，则需要在 record 内部有一个变量进行对应（name 对应的是
pname），代码如下：

```
//第 5 章/pterosaur2.cj
record Pterosaur <: Dragon & Flyable {
    var v = 0.0
    var pname = "翼龙"

    prop var name : String {
        get() { pname }
        set(newValue){ pname = newValue }
    }

    prop let canFly : Bool {
        get()  { true }
    }

    prop let speed : Float64 {
        get()  { v }
    }
}
```

测试代码如下：

```
//第5章/ptest2.cj
func main() {
    var p1 = Pterosaur(v: 40.5)
    p1.name = "末日翼龙2047"

    println(p1.name)
    println(p1.speed)


    if (p1.canFly) {
        println("${p1.name}是会飞的龙。")
    } else {
        println("${p1.name}不会飞。")
    }
}
```

输出的结果如下：

```
末日翼龙2047
40.500000
末日翼龙2047是会飞的龙。
```

细心的你可能已发现，翼龙的 pname 同样可以设置值，代码如下：

```
p1.name = "末日翼龙2047"
p1.pname = "翼龙222"

println(p1.name)
```

如果按这样的顺序执行代码，则 pname 的值会覆盖直接对 name 设置的值，输出的结果如下：

```
翼龙222
```

这样就变成了名字打架，到底以哪个为准无所适从了，这时很显然要把内部的 pname 隐藏起来，一切以接口的字段为准。那么如何隐藏内部变量的设置呢？可以标记为 private，即私有，表示仅可在一种类型内部进行操作，实例化后是不可访问的，这样就避免了直接访问，通过属性访问可以增加一些合法性或逻辑性检查等，代码如下：

```
//第5章/pterosaur3.cj
record Pterosaur <: Dragon & Flyable {
    private var v = 0.0
    private var pname = "翼龙"

    prop var name : String {
        get() { pname }
```

```
            set(newValue){ pname = newValue }
        }

    prop let canFly : Bool {
        get()  { true }
    }

    prop let speed : Float64 {
        get()  { v }
    }
}
```

标记为 private 的同时，赋予了默认的值，v 是 0.0，pname 是翼龙。

加了限制后，p1.pname 的设置就是不合法的了，编辑器会给出错误提示，编译时同样会给出错误提示，输出的结果如下：

```
error: can not access field 'pname'
   63 |      p1.pname = "翼龙222"        |      ^
```

can not access field 'pname'的意思是无法访问字段 pname。

同样地，现在也可以对速度进行改造，速度很显然不是恒定的，代码如下：

```
interface Flyable {
    prop var speed: Float64
}
```

Flyable 中的 speed 从 let 修改成 var。相应地，speed 在 Pterosaur 中的实现加上 set，代码如下：

```
//第5章/pterosaur4.cj
record Pterosaur <: Dragon & Flyable {
    private var v = 0.0
    private var pname = "翼龙"

    prop var name : String {
        get()  { pname }
        set(newValue){ pname = newValue }
    }

    prop let canFly : Bool {
        get()  { true }
    }

    prop var speed : Float64 {
        get()  { v }
```

```
        set(newValue){ v = newValue }
    }
}
```

此时如果再创造一个翼龙，则只可设置接口中规定的 name、speed 字段，代码如下：

```
//第5章/ptest4.cj
func main() {
    var p1 = Pterosaur()

    p1.name = "末日翼龙2047"
    p1.speed = 52.5

    println(p1.name)
    println(p1.speed)


    if (p1.canFly) {
        println("${p1.name}是会飞的龙。速度是${p1.speed}km/s")
    } else {
        println("${p1.name}不会飞。")
    }
}
```

测试结果如下：

```
末日翼龙2047
52.500000
末日翼龙2047是会飞的龙。速度是52.500000km/s
```

可以设想一种情况，翼龙在战斗中受伤了，并且失去了飞行能力，之前定义的飞行能力是常量，所以不可改变，显然不够灵活。

所以在定义接口时，将绝大多数属性设置为变量，可能更符合现实情况，代码如下：

```
interface Dragon {
    prop var name : String
    prop var canFly: Bool
}
```

虽然如此，但是普通恐龙无论如何也是不会飞的，所以实现接口时可忽略设置值，代码如下：

```
//第5章/dinosaur2.cj
record Dinosaur <: Dragon {
    private let pcanFly = false
```

```
    prop var name : String {
        get() { name }
        set(newValue){ newValue }
    }


    prop var canFly : Bool {
        get()  { pcanFly }
        set(newValue)  {  }
    }
}
```

这里把 set 的部分留空，就算把 canFly 的值设为 true，也是不会生效的，因为新的值被忽略了，测试代码如下：

```
//第 5 章/dtest2.cj
    var d1 = Dinosaur()
    d1.canFly = true

    if (d1.canFly) {
        println("恐龙会飞")
    } else {
        println("放心，恐龙永远是不会飞的。")
    }
```

运行结果如下：

放心，恐龙永远是不会飞的。

现在对翼龙进行改造，代码如下：

```
//第 5 章/pterosaur5.cj
record Pterosaur <: Dragon & Flyable {
    private var v = 0.0
    private var pname = "翼龙"
    private var pcanFly = true

    prop var name : String {
        get() { pname }
        set(newValue){ pname = newValue }
    }


    prop var canFly : Bool {
        get()  { pcanFly }
        set(newValue)  { pcanFly = newValue }
    }
```

```
prop var speed : Float64 {
    get() { v }
    set(newValue){ v = newValue }
}
}
```

注意翼龙的 canFly 就是完整的 get 和 set，一旦设置了新值 newValue，内部私有的 pcanFly 就会被赋予新值。

现在可以来测试一下，代码如下：

```
//第5章/ptest5.cj
func main() {
    var d1 = Dinosaur()
    d1.canFly = true

    if (d1.canFly) {
        println("恐龙会飞")
    } else {
        println("放心，恐龙永远是不会飞的。")
    }

    var p1 = Pterosaur()

    p1.name = "末日翼龙2047"
    p1.speed = 52.5

    println(p1.name)
    println(p1.speed)

    p1.canFly = false

    if (p1.canFly) {
        println("${p1.name}是会飞的龙。速度是${p1.speed}km/s")
    } else {
        println("${p1.name}现在无法飞行。")
    }
}
```

运行结果如下：

```
放心，恐龙永远是不会飞的。
末日翼龙2047
52.500000
末日翼龙2047现在无法飞行。
```

现在再来细致地思考一下，直接设置翼龙是否可以飞行，貌似不太妥当。翼龙只有在受伤的情况下才会失去飞行能力。现在设置翼龙的健康值（HP），满血为 100，假设 HP 小于 70，则自动失去飞行能力。如果因为补给后 HP 恢复到 70 以上，则再度获得飞行能力。

此时就可以删除变量 pcanFly，而由 HP 动态地来决定是否可以飞行，代码如下：

```
//第 5 章/pterosaur6.cj
record Pterosaur <: Dragon & Flyable {
    private var v = 0.0
    private var pname = "翼龙"

    var hp = 100 //健康值，默认 100 满，低于 70 不可飞行。

    prop var name : String {
        get() { pname }
        set(newValue){ pname = newValue }
    }

    prop var canFly : Bool {
        get() {
            if (hp < 70) {
                false
            } else {
                true
            }
        }
        set(newValue) { }
    }

    prop var speed : Float64 {
        get() { v }
        set(newValue){ v = newValue }
    }
}
```

CanFly 的值取决于 HP 的数值，直接 set 新值则再次被忽略。到这里应该可以得到一个启示，接口中的属性，很大程度上是一个综合性的带计算的结果，而不是一个事物最直接的特征量，因为接口顾名思义，始终是对外的，并且是对内部特征的一个包装，所以设计接口时，应始终着眼更大的、更普遍的特征。

现在来测试一下，HP 在 70 左右的变化，是否可以影响 canFly 的值，代码如下：

```
//第 5 章/ptest6.cj
func main() {
    var p1 = Pterosaur()
```

```
    p1.name = "末日翼龙 2047"
    p1.speed = 52.5

    println(p1.name)
    println(p1.speed)

    p1.hp = 65

    if (p1.canFly) {
        println("${p1.name}可以起飞, 飞行速度是${p1.speed}km/s")
    } else {
        println("${p1.name}现在无法飞行。因为 HP 值低于 70, 现在的值是${p1.hp}。")
    }

    p1.hp = 92

    if (p1.canFly) {
        println("${p1.name} 可以起飞, 飞行速度是 ${p1.speed}km/s。HP 值是
${p1.hp}。")
    } else {
        println("${p1.name}现在无法飞行。因为 HP 值低于 70, 现在值是${p1.hp}")
    }

}
```

运行结果如下:

```
末日翼龙 2047
52.500000
末日翼龙 2047 现在无法飞行。因为 HP 低于 70, 现在的值是 65。
末日翼龙 2047 可以起飞, 飞行速度是 52.500000km/s。HP 值是 92。
```

可以看到 HP 的变化, 成功地被反映到 canFly 属性上了。使用接口的灵活性是相当强大的。可以很好地屏蔽外界直接对飞行能力的改变。这便是"面向对象编程"中一直强调的封装。

5.6 给接口扩展默认的实现

接口扩展允许定义一个默认的实现。例如翼龙 Pterosaur 已经定义好了, 检查一下, 如果它实现了飞行接口, 就给它一个默认的实现, 代码如下:

```
//第 5 章/pextend.cj
```

```
extend Pterosaur {
    prop var canFly: Bool {
        get(){
            if (this is Flyable) {
                if (hp < 70 ) {
                    false
                } else {
                    true
                }
            } else {
                false
            }
        }
        set(newValue) {  }
    }
}
```

注意上面代码中的 this is Flyable，意思是当检查到一个实例化的翼龙（例如 p1）是可飞行的，那么根据 HP 来返回 canFly 这个属性的值。换句话说，翼龙的定义只需宣称实现接口就可以了，不需要再实现。因为上述代码已经写好了默认的实现。

现在可以把 canFly 属性的代码从 Pterosaur 中删除了，代码如下：

```
//第5章/p7.cj
record Pterosaur <: Dragon & Flyable {
    private var v = 0.0
    private var pname = "翼龙"

    var hp = 100 //健康值，默认100满，低于70不可飞行

    prop var name : String {
        get() { pname }
        set(newValue){ pname = newValue }
    }

    prop var speed : Float64 {
        get()  { v }
        set(newValue){ v = newValue }
    }
}
```

5.7 枚举类型的接口实现

枚举类型 enum 也可以通过接口实现，例如鸟（Bird）按照生物学家的观点也是龙（Dragon）的一种，不过由于枚举类型是不可变的，所以要扩展，首先对接口中的属性进行常量化，代码如下：

```
interface Dragon {
    prop let name : String
    prop let canFly: Bool
}
```

枚举 Bird 实现 Dragon，代码如下：

```
//第5章/bird.cj
enum Bird <: Dragon {
    China | America  | Japan | Russia

    prop let name : String {
        get() {
            let result = match (this) {
                case $China => "鸟"
                case $America => "Bird"
                case $Japan => "鳥"
                case $Russia => "птица"
            }
            return result
        }
    }

    prop let canFly : Bool {
        get()  { true }
    }
}
```

根据不同的地区，来返回本地化的"鸟"的命名。另一个属性 canFly 的直接返回值为 true。

5.8 覆盖默认行为

Bird 已经通过实现 Dragon 接口有了一个 canFly 的实现，但是对于南极洲的鸟（企鹅）来讲，它就不能飞了，代码如下：

```
//第5章/bird2.cj
```

```
enum Bird <: Dragon {
    China | America | Japan | Russia | Antarctica

    prop let name : String {
        get() {
            let result = match (this) {
                case $China => "鸟"
                case $America => "Bird"
                case $Japan => "鳥"
                case $Russia => "птица"
                case $Antarctica => "Penguin"
            }
            return result
        }
    }

    prop let canFly : Bool {
        get() { true }
    }
}
```

这时需要对南极洲的企鹅进行特殊处理，此时如果不想更改上面的代码，也就是不更改接口统一的实现，则可以对接口进行扩展，代码如下：

```
//第5章/birdextend.cj
extend Bird {
    prop let canFly : Bool {
        get(){
            let result = match (this) {
                case $Antarctica => false
                case _ => true
            }

            return result
        }
    }
}
```

如此一来，南极洲的企鹅就获得了一个不会飞的能力。

5.9 接口的通用化

现在加入一个新工具，即无人机（Drone），代码如下：

```
record Drone {
    var name = "无人机"
    var speed = 60.0
}
```

这个record与鸟和恐龙都没有什么关系，只为加入与它们的竞速比赛。为了大伙能进行比赛，加入一个竞速选手（Racer）接口，代码如下：

```
interface Racer {
    prop let maxSpeed: Float64
}
```

然后各自扩展并实现这个接口，无人机的接口实现，代码如下：

```
//第5章/drone.cj
extend Drone <: Racer{
    prop let maxSpeed : Float64 {
        get() { speed }
    }
}
```

恐龙（Dinosaur）的竞速接口实现，代码如下：

```
//第5章/dracer.cj
extend Dinosaur <: Racer{
    prop let maxSpeed : Float64 {
        get(){ 40.0 }
    }
}
```

翼龙（Pterosaur）的竞速接口实现，代码如下：

```
//第5章/pracer.cj
extend Pterosaur <: Racer{
    prop let maxSpeed : Float64 {
        get(){ speed }
    }
}
```

参赛选手列队登场，代码如下：

```
let racers = [
    Drone(name: "无人机1代", speed: 220.0),
    Dinosaur(),
    Pterosaur(v: 110.0, pname: "无敌翼龙1024", hp: 100)
]
```

如果把鼠标移到racers上，则编辑器会给出racers的类型提示：List<Racer>。含义为此

List 数组由类型是 Racer 的元素组成，紧跟 List 后的尖括号代表类型说明。

此处出人意料的是，尽管 Drone、Dinosaur、Pterosaur 是 3 个结构完全不同的类型，但因实现了 Racer 接口，所以成为同一种类型。

是时候决出谁是最快的选手了，代码如下：

```
//第5章/max.cj
    var max = 0.0

    for (racer in racers) {
        if (racer.maxSpeed > max) {
            max = racer.maxSpeed
        }
    }

    println("竞速中最快的速度是：${max}km/s。")
```

竞赛输出的结果如下：

```
竞速中最快的速度是：220.000000km/s。
```

5.10 本章小结

仓颉的面向接口编程是整个语言中非常灵活的一部分，目前仍有很多相关特性待实现。运用好面向接口编程，是编写灵活高效结构化、模块化程序中非常重要的一环。

第 6 章

函数高级特性

本章将领略仓颉的函数高级特性。在仓颉语言中，函数不仅是纯粹地输出计算结果或执行操作的集合，还可以作为另一个函数的参数、返回值，甚至可以赋值给一个变量，这在以前的非函数式编程语言中是不可想象的。

6.1　函数类型

把一个完整的函数简化成一种类型，例如第 2 章实现的第 1 个 Hello World 程序就是一个 main()函数，完整的写法要加上 "：Unit"，意思是此函数无须返回一个结果，代码如下：

```
func main() : Unit {
    println("这是一个函数")
}
```

因为 main()函数并不是一个算式，所以需要得出结果供其他人使用。通常无返回值的函数中的 "：Unit" 是可以省略的。写成函数类型，去掉函数名，冒号 "："要换成 "->"，返回类型通常不能省略，代码如下：

```
() -> Unit
```

如果函数中有参数，则要加上参数的类型列表并以逗号分隔，代码如下：

```
(Int64, Float64, String) -> List<Float64>
```

现在以一个拥有 3 个参数的加法函数为例，代码如下：

```
func jia(a: IntNative, b: IntNative, c: IntNative) : IntNative {
    a + b + c
}
```

IntNative 是指操作系统默认的整数类型，对现代的 PC 或者手机来讲，通常就是 64 位的 Int，那么对应的函数类型的代码如下：

```
(IntNative, IntNative, IntNative) -> IntNative
```

6.2 使用函数类型的 3 种方式

为何要使用函数类型？主要目的是让函数成为一个高级函数，从而对部分"苦力活"进行外包。

假设现在有一个函数叫作求和，输入一串数字，就可以得出总和，代码如下：

```
//第6章/qiuhe1.cj
func qiuhe(a1: IntNative,
        a2: IntNative,
        a3: IntNative,
        suanfa: (IntNative, IntNative, IntNative) -> IntNative)
        : IntNative {
    suanfa(a1, a2, a3)
}
```

与上面的 jia 函数不同的是，qiuhe 多了一个参数 suanfa，suanfa 的类型是 jia 的函数类型，然后函数内部的代码用 suanfa 来对 a1、a2、a3 进行处理。

相当于把算法过程外包给另一个函数，qiuhe()函数自己只是一个整合者，虽然看起来偷懒了，但是很好地把功能分散到更基础的函数中去，实际上提升了函数自身的效率，这种函数就可以称为高阶函数，与图 6-1 的外包工作的概念很相似。

图 6-1 函数中"外包"的概念

下面看如何使用，代码如下：

```
func main() : Unit{
    let z = qiuhe(3, 4, 5, jia)
    println(z)
}
```

运行结果如下：

12

以上是把一个函数类型作为另一个函数的参数进行使用的例子。除此之外，还可以作为另一个函数的返回类型，不过这种情况相对少见，代码如下：

```
//第6章/jia1.cj
func jia(a: IntNative, b: IntNative, c: IntNative) : IntNative {
    a + b + c
}

func returnJia(a1: IntNative, a2: IntNative, a3: IntNative) :
        (IntNative, IntNative, IntNative) -> IntNative {
    jia
}
```

还有将函数类型作为变量进行使用的例子，代码如下：

```
//第6章/jia2.cj
func jia(a: IntNative, b: IntNative, c: IntNative) : IntNative {
    a + b + c
}

let function1 : (IntNative, IntNative, IntNative) -> IntNative = jia
let function2 = jia
    println(function1(3,4,5))
    println(function2(3,4,5))
```

因为仓颉系统有自动推断功能，所以给一个变量赋值函数类型时，可以省略不写。相当于给函数起了另一个名字，运行结果如下：

12
12

顺便讲解一下，函数还可以嵌套使用。也就是在一个函数的内部，嵌入另一个函数，相当于定义了一个内部自用的"子函数"，可称为"专属外包"，代码如下：

```
//第6章/suanfa.cj
func suanfa() {
    func inc(x: Int64, y: Int64) { //增加1
        x + y + 1
    }
    println(inc(1, 2))
    return inc
}
func main() {
    let f = suanfa()
```

```
    let a = f(1, 2)
    println("算法结果: ${a}")
}
```

运行结果如下:

算法结果: 4

6.3　闭包表达式

闭包表达式是函数的另一种表现形式。函数可以变形为一种精简的表达式，以便更容易地在高级函数中使用，它与函数的关系如图 6-2 所示。

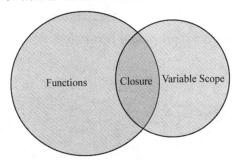

图 6-2　闭包表达式是函数的子集

现在对之前的函数进行变形，代码如下:

```
//第 6 章/closure1.cj
func jia(a: IntNative, b: IntNative, c: IntNative) : IntNative {
    a + b + c
}

let jia2 = { a: IntNative, b: IntNative, c: IntNative
        => a + b + c
    }
```

把原函数中包含参数的括号去掉，把返回类型也去掉，将冒号改为"=>"箭头，全部移动到一个花括号内，这样就成了一个封闭的包，所以称为"闭包"表达式。如果没有参数，则可省略"=>"箭头，代码如下:

```
    let lambda1 = { => println("hello world")}
    let lambda2 = { println("hello world")}
```

使用闭包表达式可以像使用普通函数那样，代码如下:

```
//第 6 章/closure2.cj
let jiafa2 = { a: IntNative, b: IntNative, c: IntNative
```

```
        => a + b + c
    }

    println(jiafa2(3,3,3))
```

输出的结果如下：

```
9
```

也可以直接使用，代码如下：

```
//第6章/closure3.cj
let jiafa2 = {  a: IntNative, b: IntNative, c: IntNative
        => a + b + c
    }(3,3,3)

    println(jiafa2)
```

输出的结果如下：

```
9
```

再来一个例子，代码如下：

```
//第6章/closure4.cj
    let lambda1 = {  => println("hello world")}
    let lambda2 = {  println("hello world")}

    lambda1()
    lambda2()
```

输出的结果如下：

```
hello world
hello world
```

6.4 尾随闭包

当一个函数的最后一个参数是一个函数类型时，调用时可以单独将最后一个参数提取出来，改用闭包表达式的写法，形式如图6-3所示。

```
repeatTask {
  code
}
```

图6-3 尾随闭包

以之前的函数类型的代码举例，代码如下：

```
//第6章/closuretrail.cj
func qiuhe(a1: IntNative,
           a2: IntNative,
           a3: IntNative,
           suanfa: (IntNative, IntNative, IntNative) -> IntNative)
           : IntNative {
    suanfa(a1, a2, a3)
}

func jia(a: IntNative, b: IntNative, c: IntNative) : IntNative {
    a + b + c
}

func main() : Unit{
    let z = qiuhe(3, 4, 5, jia)
    println(z)
}
```

这种调用需要把 jia() 这个函数单独列出，虽然算法简单但无复用的价值。可把此函数的声明省略掉，直接在调用 qiuhe() 函数时，以闭包的形式直接加入，代码如下：

```
let sum = qiuhe(1, 2, 300, {a,b,c => a+b+c})
println(sum)
```

如此一来可以省略 jia 函数，直接看到这个高阶函数调用的"低阶"算法。

运行结果如下：

```
303
```

因为 qiuhe 函数最后一项是函数类型，所以可以把闭包提取到参数列表外，代码如下：

```
let sum = qiuhe(1, 2, 300) {a,b,c => a+b+c}
println(sum)
```

运行结果与原先的结果完全一致：

```
303
```

由于这个闭包是在函数调用的末尾，所以也称为尾随闭包（TrailingClosure），也有翻译成挂尾闭包、尾部闭包等名称，这些名称都是同一个意思。

系统自带的高级函数，此类尾随闭包非常常见，例如对数组的元素进行排序的高级函数 sortBy，可以提供一个自定义的算法，告诉 sortBy 如何排序，代码如下：

```
let numbers1 = [99 ,2, 0, 3306, -12]
let numbers2 = numbers1.sortBy(){first,second => first > second}
```

```
println(numbers2)
```

sortBy 只接收一个参数，即函数型的比较大小表达式，这里的参数 first、second 代表要比较的两个值，算法是 first 大于 second，即第 1 个比第 2 个大。如此一来，数组 numbers1 中的元素会反复进行比较，把最大的值排到最前面。

输出的结果如下：

```
[3306, 99, 2, 0, -12]
```

因为 sortBy 只有一个参数，并且最后一个是函数型，所以可以省略参数括号列表，修改后的代码如下：

```
let numbers1 = [99 ,2, 0, 3306, -12]
let numbers2 = numbers1.sortBy{first,second => first > second}

println(numbers2)
```

当然，参数名可以任意命名，代码如下：

```
let numbers1 = [99 ,2, 0, 3306, -12]
let numbers2 = numbers1.sortBy{a,b => a > b}

println(numbers2)
```

输出的结果如下：

```
[3306, 99, 2, 0, -12]
```

6.5 函数重载

在仓颉里，如果同一个范围有多个相同名称的函数，则当参数数目、类型或返回类型都不同时称为重载（Overload）。"同一个范围"指的是同一种类型定义里及同一个函数内，也叫作用域（Scope）。

好比同一个城市里，可能有很多重名的人，但是他们的身份证号码都是不同的，每个人有着不同的工作、年龄、性别等差别是很正常的，代码如下：

```
//第 6 章/overload.cj
func f1(a: Int64): Int64{
}
func f1(a: Float64): Unit {
}
func f1(a: Int64, b: Float64): Float64{
}
func f1(a: Int64, b: String): Float64{
```

```
    }
```

这里定义了 4 个 f1 函数，参数和返回各有细微的不同，但它们是允许共存的。

6.6 构造函数

在 record、class 的定义里，也会出现多个函数的情况，包括构造函数、成员函数。

构造函数指如何实例化变量的函数，也就是创造一个实体 record、class 的函数。"成员函数"指的是内部发挥其他作用的函数。

在 record、class 的定义中，之前并未提到构造函数，因为默认会自动生成一个包含所有参数的构造函数，无须手动去写，代码如下：

```
//第6章/init.cj
class GasBill {
    var volume: Int64
    var user: String

    init(volume: Int64, user: String) {
        this.volume = volume
        this.user = user
    }

    init(volume: Int64) {
        user = "User101"
        this.volume = volume
    }
}
```

如上代码，可以手动把包含所有参数的 init 函数写出。也可以给其中一个 init 以默认值，两个 init 即构造函数。

所谓构造函数就是表示如何创建一个 class、record 的实体例子的意思。以下两种创建 GasBill 的实例（bill1、bill2）都是允许的，代码如下：

```
let bill1 = GasBill(60)
let bill2 = GasBill(145, "User102")
```

6.7 系统中的高级函数

本章之前提到，高级函数是对普通函数的一种包装，把部分功能外包或内包给其他函数。在普通的函数应用中可能不是非常明显，但在仓颉的集合类型中，也就是数组中应用的例子非常多，除了上面介绍的 sortBy（排序）之外，还有众多系统即将提供的高级函数。

仓颉作为首款国内真正自主研发的编程语言，吸收了众多语言的优点。函数式编程就是其中之一。在仓颉语言中函数作为"一等公民（first-class citizens）"，学习高阶函数还是非常有必要的，它可以使代码扩展性更高，代码更简单。

以下高阶函数在笔者写稿之时仍处于开发中，不过相信在本书问世时已经可以使用了。

以集合类型中的 List 为例，包含以下几种功能。

map：元素转换（映射）。对每个元素执行闭包中的映射，将映射结果以一个新 List 返回。

compactMap：元素压缩转换（映射）。对每个元素执行闭包中的映射，将非空的映射结果以一个新 List 返回。

filter：元素过滤。对每个元素执行闭包中的操作，将符合条件的元素以一个新 List 返回。

reduce：元素归一合并。对每个元素执行闭包中的操作，对元素进行缩减合并，并将合并结果以一个新 List 返回。

6.7.1　map

获取一个闭包表达式作为其唯一参数。List 中的每个元素调用一次该闭包函数，并返回该元素所映射的值。

简单来说就是 List 中每个元素通过某种规则（闭包实现）进行转换，最后返回一个新的 List。

将整数型 List 中的元素乘以 3，然后转换为 String 类型的 List，代码如下：

```
let numbers = [1, 2, 3, 4, 5, 6]

let strings = numbers.map { number => "${number * 3}" }

//结果：["3", "6", "9", "12", "15", "18"]
println(strings)
```

再来一个例子，代码如下：

```
//第6章/map.cj
record customer {
    let id = ""
    let age = 0
    let name = ""
}

let customer1 = customer(id: "101", age: 20, name: "jerry")
let customer2 = customer(id: "102", age: 20, name: "tom")
let customer3 = customer(id: "103", age: 20, name: "bob")
let customer4 = customer(id: "104", age: 20, name: "kate")
let customer5 = customer(id: "105", age: 20, name: "jim")
```

```
let customers = [customer1, customer2, customer3, customer4, customer5]

let customersIDs = customers.map {customer => customer.id}
let customersAges = customers.map {customer => customer.age}
let customersNames = customers.map {customer => customer.name}

println(customersIDs)
println(customersAges)
println(customersNames)
```

这段代码实际上是把 customer 的 id、age、name 单独提取出来放到对应的新 List 中。

6.7.2 compactMap

compactMap 的功能与 Map 类似，只不过当遇到 List 中有空元素时，compactMap 可以自动跳过空元素。

6.7.3 filter

filter 顾名思义，是一个过滤器，用来筛选元素。
例如筛选 List 中的奇数，代码如下：

```
let numbersToFilter = [14, 2, 17, 50, 33, 21, 393]

let results = numbersToFilter.filter { number => number % 2 != 0 }

//结果：[17, 33, 21, 393]
println(results)
```

6.7.4 reduce

reduce 是把 List 中的元素组合计算成另一个值，并且接受一个初始值，初始值的类型可以和 List 元素的类型不同。
最经典的是使用 reduce 求和，代码如下：

```
var list1 = [2, 3, 4, 5]
let sum = list1.reduce(0) { first,second => first + second }
//结果：14
println(sum)
```

意思很明确，把 List 元素挨个加起来，再加上初始值 0，所以这个计算式就是 0+2+3+4+5，得出的结果为 14。
修改一下初始值结果就不一样，代码如下：

```
var list2 = [2, 3, 4, 5]
let sum2 = list2.reduce(10) { first,second => first + second }
//结果: 24
println(sum2)
```

当然，可以根据需求，reduce 可以执行很多不一样的操作。例如求出一个 List 中奇数的
和及偶数乘积该如何实现，留给读者去思考。

6.8　本章小结

本章探讨了在仓颉语言中函数的各种高级特性，只有熟悉了这些高级特性，才可以让代
码更函数式，最大程度地利用仓颉现代优秀的函数型编程特性。

第 7 章

程序异常处理

本章将体验在仓颉语言中的程序异常处理。通常是一类特殊的、可以被提前预测并 "捕获" 的错误，是一系列运行过程中不正常的表现，例如除零错误、堆栈溢出、数组越界、内存不足等。一旦出现错误，通常要求对异常部分的代码进行处理，以保证程序的健壮性和容错性。

7.1 异常的分类

在仓颉语言中异常分为两种，一种是严重错误（Error），通常指系统级的错误，例如磁盘空间不足、内存不足或者其他级别的系统平台错误，通常一个应用程序无力去处理此类错误，只能尽可能地通知用户，或者干脆终止运行；另一种是程序运行中出现的逻辑错误、输入输出错误导致的异常（Exception），此类错误不属于系统级的错误（Error），应用程序有能力进行捕获并处理。本章讨论的是异常（Exception）的处理。

在仓颉语言中异常基类是 Throwable，Error 和 Exception 是它的直接子类。Exception 又有 RuntimeException 子类（运行时错误）。

编码中可以通过继承 Exception 来定义自己程序中的异常分类，代码如下：

```
//第 7 章/myexception.cj
open class MyAppException <: Exception {
    open func printException() {
        print("I am a MyAppException!我的应用异常类! ")
    }
}


class MyAppNetException <: MyAppException {
    override func printException() {
        print("I am a MyAppNetException! 这是我的应用异常类中的网络异常类。")
    }
}
```

Throwable 基类主要有以下几个函数及功能：

```
//第7章/throwable.cj
init() //默认构造函数

init(message: String) //可以初始化一个异常消息的构造函数

open func getMessage(): String //返回发生异常的详细信息,该消息在异常类构造函数中
//初始化,默认为空字符串

open func toString(): String //默认调用 getMessage()

func printStackTrace(): Unit //将堆栈信息打印到标准错误流
```

7.2 抛出一个异常

只需同上面继承 Exception 类,创建一个自己的异常基类,如 MyAppException()即可创建一个 MyAppException 类的异常实例。

使用 throw 关键字抛出这个异常,throw 之后接 MyAppException 或子类的实例即可,代码如下:

```
throw MyAppNetException("对不起,网络未连接,请确认网络连接是否正常。")
```

或者如下写法:

```
throw MyAppException("您未允许 App 打开地理位置权限,无法进行城市定位。")
```

也可以是 Throwable 基类下任何子类的异常实例。例如抛出一个算术运算异常,代码如下:

```
throw ArithmeticException("对不起,不能除以 0!")
```

对于可能会出现异常的代码,可用捕捉语句进行包裹。称为 **try-catch 块**,代码如下:

```
//第7章/try.cj
try {
    someFunction1() //可能会出错的一个函数
    throw NegativeArraySizeException("主动抛出一个异常!")
}
catch (e: NegativeArraySizeException) {
    println(e)
    println("出现一个大小为负数的数组异常!")
}
```

一般情况下,可能并不需要自定义一个自己程序的专属异常,可以使用系统自带的一些异常类,不过并不需要具体指出是哪种异常。以下是几种常用的异常类,列举如下:

```
ConcurrentModificationException //并发修改产生的异常

NegativeArraySizeException    //创建大小为负的数组时抛出的异常

OverflowException            //算术运算溢出异常

IllegalArgumentException      //传递不合法或不正确参数时抛出的异常

NoneValueException           //值不存在时产生的异常，如 Map 中不存在要查找的 key
```

来举一个例子，例如访问一个不存在的数组元素，代码如下：

```
//第 7 章/outofindex.cj
func main() {
    let list1 = [1, 2, 3, 4]

    try {
        let lastElement = list1[4]
    } catch (e: Exception) {
        println("捕捉到一个异常: ${e} ")
    }

    println("即使有异常，仍可执行到此处! ")
}
```

在 catch 中，指定异常的基类 Exception 即可，只要是与逻辑相关的异常，系统便会自动给出具体的异常提示。

代码的执行结果如下：

```
捕捉到一个异常: Exception RuntimeException IndexOutOfBoundsException
即使有异常，仍可执行到此处!
```

异常是 Exception 基类下的 RuntimeException（运行时异常子类）中的 IndexOutOfBoundsException（索引越过边界异常），即不存在的数组索引。因为上面的 list1 只有 4 个元素，而 list1[4]试图访问第 5 个元素，因为数组的索引总是从 0 开始计算的，所以这里最大值只能是 3，从而导致了异常。

如果现在不把这句代码加以 try-catch 包裹，则程序会直接中断执行，代码如下：

```
func main() {
    let list1 = [1, 2, 3, 4]
    let lastElement = list1[4]
    println("此句不会执行! ")
}
```

运行结果如下：

```
An exception has occurred:
Exception RuntimeException IndexOutOfBoundsException
        at default.default::(core/core::List<Int64>::)[](Int64)(core/core
/List.cj:273)
        at default.default::main()(/home/xiaobo/Desktop/101/src/e.cj:4)
```

系统虽然给出了执行异常提示，但是此时已经彻底中断执行，并且后面的代码不会被执行，这显然是一种破坏性的使用体验，所以除了养成良好的代码逻辑检查习惯外，还得对可能出现错误的代码加上 try-catch 语句，以确保最大可能地减少破坏性的异常退出。

7.3　Result 类型

更多时，程序处理的结果可以分为两种，一种是成功（OK），另一种是失败并且通常有失败的详细原因。

因为这种组合非常常见，在仓颉语言中是很人性化的，把处理结果组合成一个枚举类型，即 Result 类型，代码如下：

```
enum Result<T> { Ok(T) | Err(Throwable) }
```

众所周知枚举类型是有限的组合，这里有上面提到的 OK 和 Err（成功和失败），而失败包含了原因（可抛出的异常 Throwable）。<T>代表了任意类型（Type 的首字母），例如是 Result<Int64>和 Result<String>等。定义以下变量类型，代码如下：

```
let getTempratureDegree = Result<Int64>.Ok(25)

let getTempratureFailedException = Result<Int64>.Err(Exception())

let loginSucceedInfo = Result<String>.Ok("恭喜您，成功登录！")

let loginFailedException = Result<Bool>.Err(Exception())
```

上面是把结果包装成 Result 类型的表现，第 1 个是成功获取温度数据的包装，第 2 个则是获取温度失败后的异常实例包装，第 3 个是成功登录信息的包装，第 4 个是登录失败的异常实例包装。

所以 Result 类型的包装是一种比单独的 Exception 抛出更好的一种错误处理方法，因为它与成功的信息结合在一起，成对出现，更符合应用实际场景。

例如一个除以零的异常处理，代码如下：

```
//第7章/teste1.cj
func testException(a: Int64, b: Int64): Int64 {

    if (b == 0) {
```

```
        throw OverflowException("除以零错误!")
    }
    return a / b

}
```

可以优化成 Result 类型包装后的写法，代码如下：

```
//第7章/teste2.cj
func testException(a: Int64, b: Int64): Result<Int64> {
    if (b == 0) {
        return Err(OverflowException("除以零错误!"))
    }
    return Ok(a / b)
}
```

如此一来，如果不出现异常，则得到一个正常期待的值。不过这个值被包装在 Result 类型里，所以需要对其进行解包才能使用。

7.4　解包 Result 类型

仓颉提供了多种对 Result 类型进行解包的方式，如使用模式匹配 match()函数，或者使用空合运算符，还可使用强制解包运算符。

因为 Result 类型实际是枚举类型，模式匹配 match 函数可派上用场，代码如下：

```
//第7章/teste3.cj
func testException(a: Int64, b: Int64): Result<Int64> {
    if (b == 0) {
        return Err(OverflowException("除以零!"))
    }
    return Ok(a / b)
}
func main() {
  match (testException(4,2)) {
    case Err(err) => println("对不起，不可以除以 0! ")
    case Ok(result) => println(result)
  }
}
```

运行输出的结果如下：

```
2
```

给一个除以零的情况，代码如下：

```
//第7章/testzero.cj
func testException(a: Int64, b: Int64): Result<Int64> {
    if (b == 0) {
        return Err(OverflowException("除以零!"))
    }
    return Ok(a / b)
}
func main() {
  match (testException(4,0)) {
    case Err(err) => println("对不起，不可以除以 0! ")
    case Ok(result) => println(result)
  }
}
```

运行输出的结果如下：

对不起，不可以除以 0!

如此一来同时处理好了两种情况，无论成功还是失败，都可以轻松应对，并且向用户提供了人性化的提示（没有英文的 Exception 字样出现）。

不过 match()函数的问题是过于烦琐，不是非常直观。这时使用空合运算符语法会简洁很多，代码如下：

```
//第7章/testempty.cj
func testException(a: Int64, b: Int64): Result<Int64> {
    if (b == 0) {
        return Err(OverflowException("除以零!"))
    }
    return Ok(a / b)
}
func main() {

  let result1 = testException(4,0) ?? 0
  let result2 = testException(4,2) ?? 0

  println(result1)
  println(result2)

}
```

一行解决问题，"??"意为"问两次"，如果没有结果，就返回"??"后面的值，如果有结果，则返回正常的结果。

运行输出的结果如下：

```
0
2
```

短短的两个问号，便解决了一大堆问题，干脆忽略了异常的提示。

使用强制解包运算符(!)也可以起到同样的效果，代码如下：

```
//第 7 章/testopen.cj
func testException(a: Int64, b: Int64): Result<Int64> {
    if (b == 0) {
        return Err(OverflowException("除以零!"))
    }
    return Ok(a / b)
}
func main() {

 let result1 = testException(4,0)!
 let result2 = testException(4,2)!


 println(result1)
 println(result2)


}
```

运行输出的结果如下：

```
除以零!
2
```

与空合运算符可以给一个默认值不同的是，使用强制解包时，可以得到异常时的提示，这是两者不同的地方。

不过笔者建议，大多数场合下，应优先使用空合运算符。

7.5 Option 类型

有时编程中可能面临另一种异常的组合，即有值或无值。

例如燃气公司收取用户燃气费时，有可能新用户根本没有来得及开户，根本没有用户名这个字段。如果这时不正确地进行处理，则可能会出现异常。

Option 类型则是一个可选状况组合的枚举类型，一种是 Some(value)，另一种是 None，即没有值。

但是 Option 与其他枚举类型的区别是，它有一个非常时尚的定义方法，在类型前加上一个 "？" 即可，代码如下：

```
let balance : ?Int64 = 100
let user: ?String = None
```

将余额（balance）和用户（user）均定义为 Option 类型，不同的是余额的值是 100，而用户的值不存在（值取为固定的 None）。

现在使用空合运算符（？？）来解包它们的值，代码如下：

```
println(balance ?? 0)
println(user ?? "不存在的用户")
```

输出的结果如下：

```
100
不存在的用户
```

7.6　本章小结

本章介绍了在仓颉语言中的异常处理，已经可以使用 Result 和 Option 两种特殊的异常处理类型和解包方法，相信会增加大家对异常处理更结构化的认识。

第8章

泛型编程

本章将领略仓颉的泛型编程（Generic Programming），泛型能让开发者在强类型编程语言中提前泛化类型，到使用时才需要指定具体的类型。主要是指函数的参数和类在实例化时才需要指定参数类型。泛型的定义来自《设计模式》书中提到的参数化类型，但此名字如今已经不再提及，一概以泛型来称呼。

8.1 常见的泛型化案例

在之前的编码中频繁地使用数组，使用数组不如用 List 来存放一系列数据。你会发现 List 本身几乎可以存放任何类型的数据，而不需要提前指定具体的类型，示例代码如下：

```
var bills = [124, 36, 77, 10, 9]
var names = ["jerry", "tom", "lily", "kate"]
```

因为系统有自动推断功能，当鼠标移动到变量名上时会发现它们完整的定义，代码如下：

```
var bills: List<Int64> = [124, 36, 77, 10, 9]
var names: List<String> = ["jerry", "tom", "lily", "kate"]
```

List<Int64>、List<String>可以随时被替换成任何类型，使用非常方便。于是在定义中，List 能容纳的任意类型都写成 List<T>，T 是 Type（类型）的首字符，泛指任何的类型，即泛型。

如果现在定义一些函数，则可以进行泛型化定义，例如一个简单的四则运算，代码如下：

```
func jiafa(a: Int64, b: Int64) : Int64 {
    return a + b
}
```

简化成以下形式（仓颉暂未实现），那就大大增加了泛型的能力，代码如下：

```
func add<T>(a: T, b: T) : T {
    a + b
}
```

8.2 泛型接口

仓颉系统提供了很多泛型接口，例如 Collection 类型中的 List 要求每个元素有顺序，可以从任意一个元素找到下一个元素，含义就是可迭代（下一个），接口定义如下：

```
public interface Iterable<E> {
    /*
    * 返回实例类型的迭代器
    * 返回值 Iterator<E>:返回实例类型的迭代器
    */
    func iterator(): Iterator<E>
}
```

这里的 Iterable<E>中的 E，代表一个元素（Element）。再追踪 Iterator 的定义，定义如下：

```
public interface Iterator<E><: Iterable<E> {
    /*
    * 返回迭代过程中的下一个元素
    * 返回值 Option<E>:迭代过程中的下一个元素
    */
    func next(): Option<E>
}
```

发现它又继承了 Iterable 协议本身，并且增加了下一个可能的元素 Option<E>的定义。再回到 Collection 的定义，定义如下：

```
interface Collection<T><: Iterable<T> {
    /*
    * 返回对象的长度。
    * 返回值 Int64: 列表的容量
    */
    func size(): Int64

    /*
    * 判断对象是否为空
    * 返回值 Bool: 若为空，则返回 true
    */
    func isEmpty(): Bool
}
```

最后来看 Collection 类型中的 Array（与 List 类似）的构造函数定义，定义如下：

```
    /*
```

```
 * 无参构造函数，创建一个空数组
 */
init()

/*
 * 通过数组的长度和初始值创建一个数组 * 参数 size - 数组大小
 * 参数 value: 数组的初始值
 */
init(size: Int64, value: T)

/*
 * Collection 类型的元素创建数组
 * 参数 elements: Collection 类型的元素 */
init(elements: Collection<T>)

/*
 * 创建长度为 size，元素类型为 (Int64)->T 的数组 * 参数 size - Int64 类型
 * 参数 initElement: (Int64)->T 类型
 */
init(size: Int64, initElement: (Int64)->T)
```

当对两个变量进行比较时，实际上是两个变量的类型实现了可比较的（Comparable）接口，系统中的定义如下：

```
public interface Comparable<T> {
    /*
     * 判断一个实例是否大于另一个实例
     * 返回值 Bool: 如果大于，则返回 true
     */
    operator func > (that: T): Bool

    /*
     * 判断一个实例是否小于另一个实例
     * 返回值 Bool: 如果小于，则返回 true
     */
    operator func < (that: T): Bool

    /*
     * 判断一个实例是否大于或等于另一个实例
     * 返回值 Bool: 如果大于或等于，则返回 true
     */
    operator func >= (that: T): Bool

    /*
```

```
    * 判断一个实例是否小于或等于另一个实例
    * 返回值 Bool: 如果小于或等于, 则返回 true
    */
    operator func <= (that: T): Bool
}
```

实现了这几个操作符函数, 即可对一种类型变量的大小进行比较。日常使用的 String 类型也实现了众多泛型化的接口, 代码如下:

```
public record String <: Collection<Char>& Equatable<String>
& Comparable <String>& Hashable & ToString {//…}
```

8.3 泛型类型

在仓颉编程中, record、class、enum 都可以泛型化。系统自带的 Map 类型就是使用泛型类来定义的, 其中的 Node 子类的定义如下:

```
public open class Node<K, V> where K <: Hashable & Equatable<K> {
    public var key: Option<K> = Option<K>.None
    public var value: Option<V> = Option<V>.None
    init() {}
    init(key: K, value: V) {
        this.key = Option<K>.Some(key)
        this.value = Option<V>.Some(value)
    }
}
```

由于键值类型可能不同, 所以这里需两种类型, 其中 where 后跟的 K <: Hashable, K <: Equatable<K>是对于 K 的约束, 指的是 K 要实现 Hashable 与 Equatable 接口, Hashable 指代的是唯一性, 因为 Map 中 Key 必须需要唯一性才能找到对应的值, Equatable 指的是可相等。

可以根据这种特性, 来自主地实现一个包含两个元素的临时组合, 简称配对组 (Pair), 代码如下:

```
//第 8 章/pair.cj
record Pair<A,B> {
    let a: A
    let b: B
    init(a: A, b: B) {
        this.a = a
        this.b = b
    }
    func first(): A {
```

```
        return this.a
    }

    func second(): B {
        return this.b
    }
}

func main() {
    var p: Pair<String, Int64> = Pair<String, Int64>("你好", 101)
    println(p.first())
    println(p.second())
}
```

运行后输出的结果如下：

```
你好
101
```

Pair 的 first 和 second 两个函数，用来取得第 1 个和第 2 个元素。

泛型 enum 中应用最广泛的可能就是第 7 章提到的 Option 类型，用来表示有值和无值两种情况，其本身也是一种泛型，因为可以容纳任意类型，代码如下：

```
leta: ?Int64
let b: ?String
let c: ?Float64
```

其定义如下：

```
public enum Option<T> {
    Some(T) | None

    func getOrThrow(): T {
      match (this) {
        case Some(v) => v
        case $None => throw NoneValueException()
      }
    }
}
```

Some(T)代表有值的情况，None 表示无值，其中的 getOrThrow 函数用于对实例进行模式匹配，如果有值，则解包并返回值 v，这个 v 也是值泛型 T 的一个实例。

当一个泛型名称比较长或不易于直观地理解时，可以给它起一个别名，代码如下：

```
type GB<T> = GasBill<T>
```

8.4　泛型函数

　　在声明一个泛型函数时，需要在函数名后加上尖括号，说明参数名称，这样就可以在参数列表和返回值类型中使用，代码如下：

```
func myFunction1<T>(a: T): T {
    return a
}
```

　　再举一个复杂的例子，core 包中有一个 composition 函数，用于复合两个函数，由于被复合的函数可以是任意类型，所以需要泛型函数，代码如下：

```
public func composition<T1, T2, T3>(f: (T1)->T2, g: (T2)->T3): (T1)->T3 {
    return {x: T1 => g(f(x))}
}
```

8.5　泛型约束

对于之前声明的泛型函数，能做的只是把一种类型放入其中返回，但不能做任何运算操作，因为不是所有类型都可以做运算，例如 String 类型无法直接做乘法运算，所以某种程度上限制了泛型函数。定义一个泛型函数，代码如下：

```
func myFunction1<T>(a: T): T {
    return a
}
```

　　所以有时，需要对泛型函数中的泛型（T）做某种约束，以便让其发挥相应的作用。例如想要使用 println()函数，可让泛型（T）实现 core 中的 ToString 接口，代码如下：

```
package core
public interface ToString {
    func toString(): String
}
```

　　如此一来就可以设置一个约束，代码如下：

```
func myFunction1<T>(a: T) where T <: ToString {
    println(a)
}
```

　　使用时，便可传入各种已经实现了 ToString 协议的类型，即可输出 println()使用的类型，代码如下：

```
func main() {
```

```
    myFunction1(333.33)
    myFunction1("你好！")
}
```

输出的结果如下：

```
333.330000
你好！
```

8.6 本章小结

　　本章讨论了仓颉泛型的使用，泛型在仓颉语言本身的构建中无处不在，系统的灵活性和健壮性少不了泛型这个工具。读者如果从一开始定义各种函数和类型时就加入泛型元素，则可以更抽象化、模块化代码。

第9章
异 步 编 程

现在各种芯片组为了提升性能都采用了至少双核、多核甚至多达数十个核心，例如所谓的"超线程"处理器。不过要发挥多核的能力，很大程度上需要人工编程实现，否则代码并不会如人们想象中那样自动地把任务进行切割，然后分布到多个核心上运行。

仓颉通过更高层的封装，让开发者可以不必关心各种操作系统上多核任务分配的差异，可以专注地使用统一的多线程模型。概念都非常相似，把任务切割成多个小块，分配到不同的"线"中去执行。不过本章为了简洁起见，并不涉及多个线程之间需要互相依赖协作的内容。

9.1　新线程

使用 spawn 关键字并传入一个 lambda 表达式，即可创建一个新线程。spawn 的意思为"产卵"，可以很形象地视觉化这个过程，一个卵就是一个新的生命线程，与母体独立发展，示例代码如下：

```
//第9章/spawn1.cj
main(){
    spawn { =>
        task1()
    }


    var m = 0
    for( n in 0..101 ) {
        m += n
        println("main task: , now m is : ${m}")
        sleep(10 * 1000 * 1000) //delay 10ms
    }


    0
}
```

```
func task1() {
    var j = 0
    for( i in 0..101 ) {
        j += i
        println("task1: , now j is : ${j}")
        sleep(10 * 1000 * 1000)
    }
}
```

例子中的 task1()函数表示开始在新的"线"中运行，可以认为是在另一个 CPU 的核中运行。实际运行时，可以在控制台发现两者的 println()函数输出的结果交替或者不交替出现，这根据系统对任务的分配而定，并不是确定性的。

可以观察到，使用新线程来执行繁重的大任务，可以大大提升程序的执行效率。

运行结果如下：

```
main task: , now m is : 0
task1: , now j is : 0
task1: , now j is : 1
main task: , now m is : 1
task1: , now j is : 3
main task: , now m is : 3
task1: , now j is : 6
main task: , now m is : 6
task1: , now j is : 10
main task: , now m is : 10
task1: , now j is : 15
main task: , now m is : 15
task1: , now j is : 21
main task: , now m is : 21
task1: , now j is : 28
main task: , now m is : 28
task1: , now j is : 36
main task: , now m is : 36
task1: , now j is : 45
main task: , now m is : 45
task1: , now j is : 55
main task: , now m is : 55
task1: , now j is : 66
main task: , now m is : 66
task1: , now j is : 78
main task: , now m is : 78
task1: , now j is : 91
```

```
main task: , now m is : 91
task1: , now j is : 105
main task: , now m is : 105
task1: , now j is : 120
main task: , now m is : 120
main task: , now m is : 136
task1: , now j is : 136
main task: , now m is : 153
task1: , now j is : 153
main task: , now m is : 171
task1: , now j is : 171
main task: , now m is : 190
task1: , now j is : 190
main task: , now m is : 210
task1: , now j is : 210
main task: , now m is : 231
task1: , now j is : 231
main task: , now m is : 253
task1: , now j is : 253
main task: , now m is : 276
task1: , now j is : 276
main task: , now m is : 300
task1: , now j is : 300
main task: , now m is : 325
task1: , now j is : 325
main task: , now m is : 351
task1: , now j is : 351
main task: , now m is : 378
task1: , now j is : 378
main task: , now m is : 406
task1: , now j is : 406
main task: , now m is : 435
task1: , now j is : 435
main task: , now m is : 465
task1: , now j is : 465
main task: , now m is : 496
task1: , now j is : 496
main task: , now m is : 528
task1: , now j is : 528
main task: , now m is : 561
task1: , now j is : 561
task1: , now j is : 595
main task: , now m is : 595
```

```
task1: , now j is : 630
main task: , now m is : 630
main task: , now m is : 666
task1: , now j is : 666
main task: , now m is : 703
task1: , now j is : 703
main task: , now m is : 741
task1: , now j is : 741
main task: , now m is : 780
task1: , now j is : 780
main task: , now m is : 820
task1: , now j is : 820
main task: , now m is : 861
task1: , now j is : 861
main task: , now m is : 903
task1: , now j is : 903
main task: , now m is : 946
task1: , now j is : 946
main task: , now m is : 990
task1: , now j is : 990
main task: , now m is : 1035
task1: , now j is : 1035
main task: , now m is : 1081
task1: , now j is : 1081
main task: , now m is : 1128
task1: , now j is : 1128
main task: , now m is : 1176
task1: , now j is : 1176
main task: , now m is : 1225
task1: , now j is : 1225
main task: , now m is : 1275
task1: , now j is : 1275
main task: , now m is : 1326
task1: , now j is : 1326
main task: , now m is : 1378
task1: , now j is : 1378
task1: , now j is : 1431
main task: , now m is : 1431
task1: , now j is : 1485
main task: , now m is : 1485
task1: , now j is : 1540
main task: , now m is : 1540
task1: , now j is : 1596
```

```
main task: , now m is : 1596
main task: , now m is : 1653
task1: , now j is : 1653
main task: , now m is : 1711
task1: , now j is : 1711
main task: , now m is : 1770
task1: , now j is : 1770
main task: , now m is : 1830
task1: , now j is : 1830
main task: , now m is : 1891
task1: , now j is : 1891
main task: , now m is : 1953
task1: , now j is : 1953
main task: , now m is : 2016
task1: , now j is : 2016
main task: , now m is : 2080
task1: , now j is : 2080
main task: , now m is : 2145
task1: , now j is : 2145
main task: , now m is : 2211
task1: , now j is : 2211
main task: , now m is : 2278
task1: , now j is : 2278
main task: , now m is : 2346
task1: , now j is : 2346
main task: , now m is : 2415
task1: , now j is : 2415
main task: , now m is : 2485
task1: , now j is : 2485
main task: , now m is : 2556
task1: , now j is : 2556
main task: , now m is : 2628
task1: , now j is : 2628
main task: , now m is : 2701
task1: , now j is : 2701
main task: , now m is : 2775
task1: , now j is : 2775
main task: , now m is : 2850
task1: , now j is : 2850
main task: , now m is : 2926
task1: , now j is : 2926
main task: , now m is : 3003
task1: , now j is : 3003
```

```
main task: , now m is : 3081
task1: , now j is : 3081
main task: , now m is : 3160
task1: , now j is : 3160
main task: , now m is : 3240
task1: , now j is : 3240
main task: , now m is : 3321
task1: , now j is : 3321
main task: , now m is : 3403
task1: , now j is : 3403
main task: , now m is : 3486
task1: , now j is : 3486
main task: , now m is : 3570
task1: , now j is : 3570
main task: , now m is : 3655
task1: , now j is : 3655
main task: , now m is : 3741
task1: , now j is : 3741
main task: , now m is : 3828
task1: , now j is : 3828
main task: , now m is : 3916
task1: , now j is : 3916
main task: , now m is : 4005
task1: , now j is : 4005
main task: , now m is : 4095
task1: , now j is : 4095
main task: , now m is : 4186
task1: , now j is : 4186
main task: , now m is : 4278
task1: , now j is : 4278
main task: , now m is : 4371
task1: , now j is : 4371
main task: , now m is : 4465
task1: , now j is : 4465
main task: , now m is : 4560
task1: , now j is : 4560
main task: , now m is : 4656
task1: , now j is : 4656
main task: , now m is : 4753
task1: , now j is : 4753
main task: , now m is : 4851
task1: , now j is : 4851
main task: , now m is : 4950
```

```
task1: , now j is : 4950
main task: , now m is : 5050
task1: , now j is : 5050
```

注意，代码中 sleep 函数的默认单位是纳秒。

使用 spawn 需要注意的是，默认情况下，新线程会随着主线程的结束而结束。把上述代码中主线程的 for 循环中的 n 的次数改小，代码如下：

```
//第9章/spawn2.cj
main(){
    spawn { =>
        task1()
    }

    var m = 0
    for( n in 0..5 ) {
        m += n
        println("main task: , now m is : ${m}")
        sleep(10 * 1000 * 1000) //delay 10ms
    }

    0
}

func task1() {
    var j = 0
    for( i in 0..101 ) {
        j += i
        println("task1: , now j is : ${j}")
        sleep(10 * 1000 * 1000)
    }
}
```

此时再编译执行，运行后输出的结果如下：

```
main task: , now m is : 0
task1: , now j is : 0
task1: , now j is : 1
main task: , now m is : 1
task1: , now j is : 3
main task: , now m is : 3
task1: , now j is : 6
main task: , now m is : 6
task1: , now j is : 10
```

```
main task: , now m is : 10
task1: , now j is : 15
```

很显然新线程 task1 提前结束了运行，这显然不是一个期待得到的结果。实际应用场景中，在其他的所有新线程任务并没有完成之前，主线程即使已经完成了任务也需要等待所有的新线程完成任务。

9.2 异步等待

新线程，意味着在一个独立的 CPU 时间段或其他核内运行任务，与主线程的时间线是非同步的，也称为异步，就像平常生活中等待好友的短信回复一样，等待异步的过程并不影响做其他的任务。

spawn 表达式本身是一个 Future<T>类型，声明代码如下：

```
public class Future<T> {
    //Determines if the execution of this Future's corresponding thread is
    //complete.
    public func isDone(): Bool

    //Blocking the current thread, waiting for the result of the thread
    //correspondingto the current Future object.
    public func getResult(): Result<T>

    //If the corresponding thread has not completed execution within ns
    //nanoseconds,the method will return a None.
    //If `ns` <= 0, its behavior is the same as `getResult()`.
    public func getResult(ns: Int64): Result<T>
}
```

可以看到表达式本身带有状态，即完成与否。另有等待运行结果和限时获得运行结果两种方法。

把 spawn 表达式赋予一个变量，再使用 getResult 方法等待线程执行完成，代码如下：

```
//第 9 章/spawn3.cj
main(){

    var m = 0
    for( n in 0..5 ) {
        m += n
        println("main task: , now m is : ${m}")
        sleep(10 * 1000 * 1000) //delay 10ms
    }
```

```
    let s1 = spawn { =>
        task1()
    }

    s1.getResult() //wait for finish

    0
}

func task1() {
    var j = 0
    for( i in 0..101 ) {
        j += i
        println("task1: , now j is : ${j}")
        sleep(10 * 1000 * 1000)
    }
}
```

这段代码的顺序就变成主线程先计算完成，再等待新线程执行完成。

运行后输出的结果如下：

```
main task: , now m is : 0
main task: , now m is : 1
main task: , now m is : 3
main task: , now m is : 6
main task: , now m is : 10
task1: , now j is : 0
task1: , now j is : 1
task1: , now j is : 3
task1: , now j is : 6
task1: , now j is : 10
task1: , now j is : 15
task1: , now j is : 21
task1: , now j is : 28
task1: , now j is : 36
task1: , now j is : 45
task1: , now j is : 55
task1: , now j is : 66
task1: , now j is : 78
task1: , now j is : 91
task1: , now j is : 105
task1: , now j is : 120
task1: , now j is : 136
task1: , now j is : 153
```

```
task1: , now j is : 171
task1: , now j is : 190
task1: , now j is : 210
task1: , now j is : 231
task1: , now j is : 253
task1: , now j is : 276
task1: , now j is : 300
task1: , now j is : 325
task1: , now j is : 351
task1: , now j is : 378
task1: , now j is : 406
task1: , now j is : 435
task1: , now j is : 465
task1: , now j is : 496
task1: , now j is : 528
task1: , now j is : 561
task1: , now j is : 595
task1: , now j is : 630
task1: , now j is : 666
task1: , now j is : 703
task1: , now j is : 741
task1: , now j is : 780
task1: , now j is : 820
task1: , now j is : 861
task1: , now j is : 903
task1: , now j is : 946
task1: , now j is : 990
task1: , now j is : 1035
task1: , now j is : 1081
task1: , now j is : 1128
task1: , now j is : 1176
task1: , now j is : 1225
task1: , now j is : 1275
task1: , now j is : 1326
task1: , now j is : 1378
task1: , now j is : 1431
task1: , now j is : 1485
task1: , now j is : 1540
task1: , now j is : 1596
task1: , now j is : 1653
task1: , now j is : 1711
task1: , now j is : 1770
task1: , now j is : 1830
```

```
task1: , now j is : 1891
task1: , now j is : 1953
task1: , now j is : 2016
task1: , now j is : 2080
task1: , now j is : 2145
task1: , now j is : 2211
task1: , now j is : 2278
task1: , now j is : 2346
task1: , now j is : 2415
task1: , now j is : 2485
task1: , now j is : 2556
task1: , now j is : 2628
task1: , now j is : 2701
task1: , now j is : 2775
task1: , now j is : 2850
task1: , now j is : 2926
task1: , now j is : 3003
task1: , now j is : 3081
task1: , now j is : 3160
task1: , now j is : 3240
task1: , now j is : 3321
task1: , now j is : 3403
task1: , now j is : 3486
task1: , now j is : 3570
task1: , now j is : 3655
task1: , now j is : 3741
task1: , now j is : 3828
task1: , now j is : 3916
task1: , now j is : 4005
task1: , now j is : 4095
task1: , now j is : 4186
task1: , now j is : 4278
task1: , now j is : 4371
task1: , now j is : 4465
task1: , now j is : 4560
task1: , now j is : 4656
task1: , now j is : 4753
task1: , now j is : 4851
task1: , now j is : 4950
task1: , now j is : 5050
```

如果把 task1 的顺序放到主线程之前，则可能会得到交替的结果。现在重新把 n 的循环次数变大，代码如下：

```
//第9章/spawn4.cj
main(){
    let s1 = spawn { =>
        task1()
    }

    var m = 0
    for( n in 0..95 ) {
        m += n
        println("main task: , now m is : ${m}")
        sleep(10 * 1000 * 1000) //delay 10ms
    }



    s1.getResult() //wait for finish

    0
}

func task1() {
    var j = 0
    for( i in 0..101 ) {
        j += i
        println("task1: , now j is : ${j}")
        sleep(10 * 1000 * 1000)
    }
}
```

输出的结果如下：

```
main task: , now m is : 0
task1: , now j is : 0
main task: , now m is : 1
task1: , now j is : 1
task1: , now j is : 3
main task: , now m is : 3
task1: , now j is : 6
main task: , now m is : 6
main task: , now m is : 10
task1: , now j is : 10
main task: , now m is : 15task1: , now j is : 15

task1: , now j is : 21
```

```
main task: , now m is : 21
main task: , now m is : 28
task1: , now j is : 28
task1: , now j is : 36
main task: , now m is : 36
main task: , now m is : 45
task1: , now j is : 45
main task: , now m is : 55
task1: , now j is : 55
main task: , now m is : 66
task1: , now j is : 66
task1: , now j is : 78
main task: , now m is : 78
main task: , now m is : 91
task1: , now j is : 91
main task: , now m is : 105
task1: , now j is : 105
task1: , now j is : 120
main task: , now m is : 120
task1: , now j is : 136
main task: , now m is : 136

task1: , now j is : 153
main task: , now m is : 153
main task: , now m is : 171
task1: , now j is : 171
main task: , now m is : 190
task1: , now j is : 190
main task: , now m is : 210
task1: , now j is : 210
main task: , now m is : 231
task1: , now j is : 231
main task: , now m is : 253
task1: , now j is : 253
task1: , now j is : 276
main task: , now m is : 276
task1: , now j is : 300
main task: , now m is : 300
main task: , now m is : 325
task1: , now j is : 325
task1: , now j is : 351
main task: , now m is : 351
task1: , now j is : 378
```

```
main task: , now m is : 378
main task: , now m is : 406
task1: , now j is : 406
task1: , now j is : 435
main task: , now m is : 435
main task: , now m is : 465
task1: , now j is : 465
task1: , now j is : 496
main task: , now m is : 496
main task: , now m is : 528
task1: , now j is : 528
task1: , now j is : 561
main task: , now m is : 561
main task: , now m is : 595
task1: , now j is : 595
task1: , now j is : 630
main task: , now m is : 630
main task: , now m is : 666
task1: , now j is : 666
task1: , now j is : 703
main task: , now m is : 703
main task: , now m is : 741
task1: , now j is : 741
main task: , now m is : 780
task1: , now j is : 780
task1: , now j is : 820
main task: , now m is : 820
main task: , now m is : 861
task1: , now j is : 861
task1: , now j is : 903
main task: , now m is : 903
main task: , now m is : 946
task1: , now j is : 946
main task: , now m is : 990
task1: , now j is : 990
main task: , now m is : 1035
task1: , now j is : 1035
main task: , now m is : 1081
task1: , now j is : 1081
task1: , now j is : 1128
main task: , now m is : 1128
main task: , now m is : 1176
task1: , now j is : 1176
```

```
main task: , now m is : 1225
task1: , now j is : 1225
task1: , now j is : 1275
main task: , now m is : 1275
main task: , now m is : 1326
task1: , now j is : 1326
main task: , now m is : 1378
task1: , now j is : 1378
task1: , now j is : 1431
main task: , now m is : 1431
task1: , now j is : 1485
main task: , now m is : 1485
main task: , now m is : 1540
task1: , now j is : 1540
main task: , now m is : 1596
task1: , now j is : 1596
main task: , now m is : 1653
task1: , now j is : 1653
task1: , now j is : 1711
main task: , now m is : 1711
main task: , now m is : 1770
task1: , now j is : 1770
main task: , now m is : 1830
task1: , now j is : 1830
task1: , now j is : 1891
main task: , now m is : 1891
main task: , now m is : 1953
task1: , now j is : 1953
task1: , now j is : 2016
main task: , now m is : 2016
task1: , now j is : 2080
main task: , now m is : 2080
main task: , now m is : 2145
task1: , now j is : 2145
main task: , now m is : 2211
task1: , now j is : 2211
task1: , now j is : 2278
main task: , now m is : 2278
main task: , now m is : 2346
task1: , now j is : 2346
task1: , now j is : 2415
main task: , now m is : 2415
main task: , now m is : 2485
```

```
task1: , now j is : 2485

main task: , now m is : 2556
task1: , now j is : 2556
main task: , now m is : 2628
task1: , now j is : 2628
task1: , now j is : 2701
main task: , now m is : 2701
main task: , now m is : 2775
task1: , now j is : 2775
main task: , now m is : 2850
task1: , now j is : 2850
main task: , now m is : 2926
task1: , now j is : 2926
main task: , now m is : 3003
task1: , now j is : 3003
task1: , now j is : 3081
main task: , now m is : 3081
main task: , now m is : 3160
task1: , now j is : 3160
main task: , now m is : 3240
task1: , now j is : 3240
main task: , now m is : 3321
task1: , now j is : 3321
main task: , now m is : 3403
task1: , now j is : 3403
main task: , now m is : 3486
task1: , now j is : 3486
main task: , now m is : 3570
task1: , now j is : 3570
main task: , now m is : 3655
task1: , now j is : 3655
main task: , now m is : 3741
task1: , now j is : 3741
main task: , now m is : 3828
task1: , now j is : 3828
main task: , now m is : 3916
task1: , now j is : 3916
main task: , now m is : 4005
task1: , now j is : 4005
main task: , now m is : 4095
task1: , now j is : 4095
main task: , now m is : 4186
```

```
task1: , now j is : 4186
main task: , now m is : 4278
task1: , now j is : 4278
main task: , now m is : 4371
task1: , now j is : 4371
main task: , now m is : 4465
task1: , now j is : 4465
task1: , now j is : 4560
task1: , now j is : 4656
task1: , now j is : 4753
task1: , now j is : 4851
task1: , now j is : 4950
task1: , now j is : 5050
```

由此可见，getResult()的调用位置会影响任务的执行顺序。实际上，可以看到getResult()的作用只是为了保持子线程可以在主线程已经完成任务的情况下继续运行。

顾名思义，getResult()还可以获得运行的最终结果，代码如下：

```
//第9章/spawn5.cj
main(){
    let s1 = spawn { =>
        task1()
    }

    var m = 0
    for( n in 0..95 ) {
        m += n
        //println("main task: , now m is : ${m}")
        sleep(10 * 1000 * 1000) //delay 10ms
    }

    let result = s1.getResult() //wait for finish

    match(result) {
        case Ok(value) => println("result = ${value}")
        case Err(e) => println("Error: ${e}")
    }

    0
}

func task1() {
    var j = 0
    for( i in 0..101 ) {
```

```
        j += i
        //println("task1: , now j is : ${j}")
        sleep(10 * 1000 * 1000)
    }
    j
}
```

运行结果如下：

```
result = 5050
```

如果需要在限定时间内获取结果，则可以给予时间参数，以纳秒为单位。例如上述 task1 的时间很显然超过了 10ms，如果要求在 10ms 内获取结果，则会返回超时错误，代码如下：

```
//第 9 章/spawn6.cj
main(){
    let s1 = spawn { =>
        task1()
    }

    var m = 0
    for( n in 0..95 ) {
        m += n
        //println("main task: , now m is : ${m}")
        sleep(10 * 1000 * 1000) //delay 10ms
    }

    let result = s1.getResult(10 * 1000 * 1000) //wait for finish

    match(result) {
        case Ok(value) => println("result = ${value}")
        case Err(e) => println("Error: ${e}")
    }

    0
}

func task1() {
    var j = 0
    for( i in 0..101 ) {
        j += i
        //println("task1: , now j is : ${j}")
        sleep(10 * 1000 * 1000)
    }
    j
```

```
    }
```

运行结果如下：

```
Error: GetResultTimeOutException
```

9.3 线程休眠

如果想让线程休眠并且在指定的时间内不做任何事，则可以使用 sleep()函数，单位是纳秒，由于纳秒在使用时很不方便，所以通常使用毫秒作为单位，即 1 百万纳秒（1000×1000），代码如下：

```
sleep(1000 * 1000 * 1000) //1 second
sleep(200 * 1000 * 1000) //0.2 second
sleep(500 * 1000 * 1000) //0.5 second
```

第 10 章

仓颉 UI 框架

仓颉 UI 框架（CangjieUI）是基于仓颉语言本身扩展出来的 DSL（领域专用语言）范式流行 UI 组件框架，可以媲美市面上已经非常流行的 SwiftUI、Flutter 及 HarmonyOS 上的 ArkUI 等框架，达到跨平台的应用构建能力。

与所有主流 UI 框架相同，通过单个 UI 元素（如一个按钮、菜单、选项卡或子页面等）进行组合，从而描述出详细和精确的整体结构，再绑定相关的数据，经用户交互处理后，最后通过 2D 引擎渲染出一个应用的所有细节。

目前 CangjieUI 版本提供功能比较有限，不过框架的演进体系基于华为已经正式发布的 ArkUI 框架，本身在比 ArkUI 的 eTS 语言表达更为简洁的同时，灵活性更强，今后的应用场景随着仓颉语言的成熟，可能在第一时间取代 ArkUI 目前在 HarmonyOS 和 OpenHarmony 两大系统上的地位，以及继承仓颉语言本身天生跨平台的能力。

本章重点讲解 CangjieUI 的基本使用方法，帮助读者更好地理解如何快速构建应用的 UI 与交互。

10.1　文件组织

CangjieUI 的工程按文件夹来组织。app.cj 用于全局逻辑和生命周期管理，pages 子目录用于存放全部组件的源码，resource 子目录用于存放可能用到的图片、多语言文字、媒体等资源文件，结构示意如下：

```
//CangjieUI 文件夹层级示意
|-- src/main
    |-- cangjie/MainAbility
          |-- app.cj
          |-- pages
                |-- index.cj
                |-- myCustomButton1.cj
                |-- myCustomText1.cj
    |-- resources
    |-- config.json
```

10.2   声明式语法

UI 即描述式的结构，只有一个顶级节点，就好像是树根，其他子节点从树根分叉出去，每个节点都可以绑定自有的数据和交互处理，以入门级的 Hello World 为例，代码如下：

```
//第10章/hello1.cj
@Entry
@Component
class HelloWorld {
    func build() {
      Column {
        Text("Hello World!")
          .fontSize(30)
      }
    }
}
```

第 1 行和第 2 行带@标记的部分称为装饰器。

（1）@Entry：App 从此处进入 UI 根节点。

（2）@Component：后续被修饰的 class 是一个 UI 组件。

（3）build()函数：此组件的 UI 结构描述。在上述 Hello World 例子中，入口组件以一个 Column（列）为根节点，内含一个 Text（文本）子节点，文本是"HelloWorld!"。Column 和 Text 均为框架提供的标准组件。

（4）.fontSize(30)样式：跟在组件的后面，通常另起一行，用于描述组件的样式。本样式表示将字体大小设置为 30。

Hello World 的预览效果如图 10-1 所示。

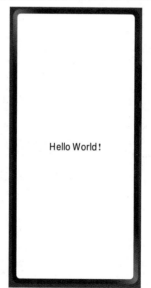

图 10-1   Hello World 预览

10.3   状态管理

在 DSL 声明式范式中，UI 是应用程序状态的函数，通过绑定想要的装饰器变量（如@State、@Link、@Prop 等）修改状态进行更新。

将上述 Hello World 例子中的文字改为变量，然后绑定，代码如下：

```
//第10章/hello2.cj
@Entry
@Component
class HelloWorld {
@State var welcome: string = "你好"
```

```
    func build() {
      Column {
        Text(this.welcome)
          .fontSize(30)
      }
    }
  }
```

Text 的内容从固定的"Hello World"改为与 class 中的装饰器变量 welcome 绑定，从而转换成动态的可更新的一段文字。

通常在实际场景中引起数据变化的有用户互动和网络数据刷新，在这个例子中可以加上一个用户单击 Text 事件，从而改变内容的互动，代码如下：

```
//第10章/hello3.cj
@Entry
@Component
class HelloWorld {
@State var welcome: string = "你好"
    func build() {
      Column {
        Text(this.welcome)
          .fontSize(30)
          .onClick({ event =>
              this.welcome = "Hello"
          })
      }
    }
}
```

绑定变量的 Hello World 预览效果如图 10-2 所示。

图 10-2　绑定变量的 Hello World

单击"你好"之后的预览如图 10-3 所示。

Hello

图 10-3　绑定变量的 Hello World（单击之后）

10.4　生命周期

app.cj 用于管理整个应用的全局生命周期，主要有 onCreate 和 onDestroy 两种常用方法。

（1）onCreate：应用开始创建。这个过程在 UI 还没渲染完成之前就已经完成，此处通常做一些初始化工作，例如整个应用中的全局变量：购物车、版本号、已登录账号、本地数据库初始化等。

（2）onDestroy：应用即将销毁。当应用被系统完全从内存中清除之前，可以在此处做一些收尾工作，例如释放占用的媒体或数据库资源、自动保存用户当前的工作内容等。

10.5　装饰器变量

在上面的 Hello World 例子中使用了@State 装饰器变量，用于表达组件的即时状态。从语义上，State 用于指代一个即时的状态，不过并未明确状态的来源，可视为一种仅组件范围内可见的、与其他组件并无关联的状态。

如果组件的状态来自它的上级节点（父节点），并且是可以联动的，即修改之后父节点也同步更新，则说明状态是相连的，即双向绑定的，可改用@Link 修饰。

如果组件的状态来自父节点，但仅仅是单向的接受，并不需要对改动进行反馈的情况，则可以使用@Prop 修饰，Prop 是 propagate 的简写，语义为"传播"。

10.6　样式

样式用于对组件的外观、尺寸、内外间距、背景、颜色、字体、空间布局等进行自定义。Hello World 的例子中仅对字体大小做了改变。在随后的案例中，也会使用相当多的样式，在实践中强化对属性的使用。

随着 IDE 的界面设计器日渐完善，大部分样式可直接通过属性窗格设置，如图 10-4 所示。

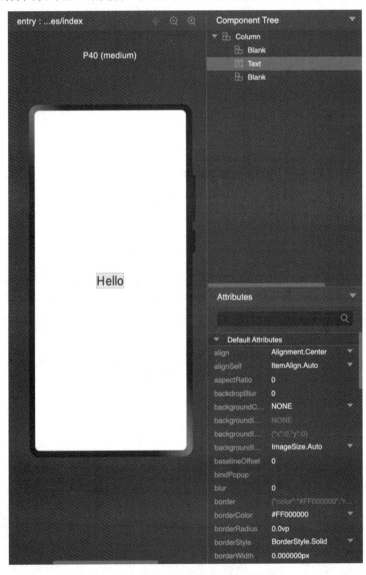

图 10-4　组件属性设置窗格（右下部分）

10.7　常用组件

仓颉 UI 框架提供了一组基本组件，供开发者在其上搭建更复杂的组件和页面，总体可以分为容器组件和独立组件。

10.7.1　容器组件

容器用于容纳其他的独立组件，提供足够的空间和布局方式。由于 UI 布局理论上的通用性，所以各主流 UI 框架的容器组件都具有行、列、网格三大容器，足以覆盖绝大多数 UI 页面的布局需求。仓颉 UI 框架也不例外，下面介绍最常见的 3 种。

1. Row

行容器，内部的元素水平排列。例如，一个页面内的 3 个文本按行排列，代码如下：

```
//第10章/index1.cj
@Entry
@Component
class Index {
  func build() {
    Row {
      Text("我")
        .fontSize(30)
      Text("在学习")
        .fontSize(30)
      Text("CangjieUI")
        .fontSize(30)
    }
  }
}
```

Row 内含 3 个 Text，如图 10-5 所示。

预览效果看起来像是一段文字，通常开发中会加上间隔，以示区分。例如将 3 段文本的间距设置为 25，代码如下：

```
//第10章/index2.cj
@Entry
@Component
class Index {
  func build() {
    Row(space: 25) {
      Text("我")
        .fontSize(30)
      Text("在学习")
```

```
          .fontSize(30)
        Text("CangjieUI")
          .fontSize(30)
      }
    }
  }
```

Row 内含 3 个 Text，间隔为 25，如图 10-6 所示。

图 10-5 Row 内含 3 个 Text

图 10-6 Row 内含 3 个 Text，间隔为 25

2. Column

列容器，内部的元素垂直排列。例如，一个页面内的 3 个文本按列排列，代码如下：

```
//第 10 章/index3.cj
@Entry
@Component
class Index {
  func build() {
    Column {
      Text("我")
        .fontSize(30)
      Text("在学习")
        .fontSize(30)
      Text("CangjieUI")
        .fontSize(30)
    }
```

```
    }
  }
```

Column 内含 3 个 Text，如图 10-7 所示。

类似 Row，Column 同样可以加上内部元素间的统一间隔，例如 25，代码如下：

```
//第10章/index4.cj
@Entry
@Component
class Index {
  func build() {
    Column(space: 25) {
      Text("我")
        .fontSize(30)
      Text("在学习")
        .fontSize(30)
      Text("CangjieUI")
        .fontSize(30)
    }
  }
}
```

Column 内含 3 个 Text，间隔为 25，如图 10-8 所示。

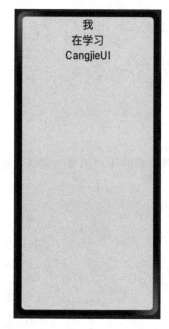

图 10-7 Column 内含 3 个 Text

图 10-8 Column 内含 3 个 Text，间隔为 25

3. Grid

同时包含行与列的布局，即网格容器。每一格称为单元格（GridItem）。电商类 App 首页中常见的九宫格，即可使用网格容器创建。Grid 容器比单纯的行或列布局复杂，将在后续的实例中进行说明。

10.7.2 独立组件

独立组件用于直接显示内容，例如文本、按钮、图片、分割线、输入框等。另外还有一种特殊的控制组件，用于显示、隐藏或批量展示。本章并不一一列举，只列出最具代表性的几个组件。

1. Text

Text 是使用频率最高的组件之一，在 HelloWorld 例子中已经使用过。除了显示固定的文本外，Text 通常会绑定一个装饰器变量，以便显示动态文本，代码如下：

```
//第10章/index5.cj
@Entry
@Component
class Index {
  @State var  welcome: string = "你好"
  func build() {
    Column {
      Text(this.welcome)
        .fontSize(30)
      Text("CangjieUI")
        .fontSize(30)
    }
  }
}
```

2. Button

仅次于 Text，与用户交互最多的按钮组件之一，用于响应用户的单击事件，示例代码如下：

```
//第10章/index6.cj
@Entry
@Component
class Index {
  @State var  welcome: string = "你好"
  func build() {
    Column {
      Text(this.welcome)
        .fontSize(30)
      Text("CangjieUI")
```

```
        .fontSize(30)
      Button("点我")
        .onClick({event =>
          this.welcome = "Hello"
        })
    }
  }
}
```

.onClick()是附加一个单击并交互到 Button 上，这里是将装饰器变量 welcome 更新为 Hello。第 1 个 Text 因为绑定了 welcome 变量，所以在用户单击后会自动更新为新的值。单击前如图 10-9 所示。

单击后如图 10-10 所示。

图 10-9　Button 单击前

图 10-10　Button 单击后

3. if 条件渲染

组件按需出现可以使用 if 条件渲染，示例代码如下：

```
//第 10 章/index7.cj
@Entry
@Component
class Index {
  @State varwelcome: string = "你好"
```

```
@State var isWelcome: boolean = false
func build() {
  Column {
    if (this.isWelcome) { //如果 isWelcome 的值为 true
      Text(this.welcome)    //则将 welcome 的值渲染到 Text
        .fontSize(30)
    }

    Text("CangjieUI")
      .fontSize(30)

    Button("点我")
      .onClick({event =>         //单击事件
        this.welcome = "Hello" //更新 welcome 变量
        this.isWelcome = !this.isWelcome//切换 isWelcome 的布尔值
      })
  }
}
```

4. ForEach 循环渲染

当需要根据批量的数据显示多个 UI 组件时，使用循环渲染是非常便捷的，示例代码如下：

```
//第 10 章/index8.cj
@Entry
@Component
class Index {
  //定义一个字符串数组，由 CANGJIE 的单个字母组成
  @State items: Array<String> = ["C", "A", "N", "G", "J", "I", "E"]
      ·
  func build() {

    Column {
      //循环数字中的每个元素
      ForEach(this.items, { i =>
        Text(i)     //将其值赋予 Text 去渲染
          .fontSize(30)
      })
    }
  }
}
```

ForEach 循环渲染一个数组，如图 10-11 所示。

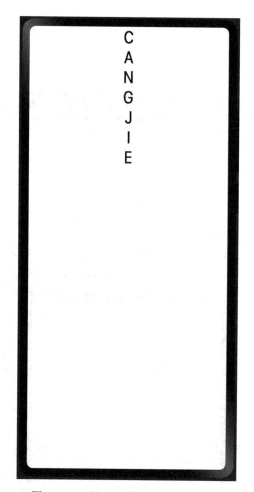

图 10-11　ForEach 循环渲染一个数组

10.8　系统接口现状

CangjieUI 尚在开发早期阶段，可用的系统接口方面并不完善。从替代 ArkUI 的终极目标的视角来看，CangjieUI 系统接口都会与 ArkUI 的接口保持一致，不过读者还是需要注意 CangjieUI 和 ArkUI 接口的细微语法差别，以官方发布的最新文档为准。

仓颉 UI 实战案例：咖啡杯

本章通过一个非常具有代表性的咖啡杯来展示仓颉 UI 在制作复合式组件方面的能力，从而为后续的案例打下基础。

咖啡杯为消费者提供了直观的杯型选择区域，类似宫格一样可以单击，但同时只能选择其中一个，被选中的杯型以高亮色显示，其他的选项变成不那么醒目的颜色，如图 11-1 所示。

图 11-1　选择中杯，高亮（绿色）显示，并显示序号 0

选中第 2 项后的预览如图 11-2 所示。

选中第 3 项后的预览如图 11-3 所示。

图 11-2　选择大杯，高亮（绿色）　　　　　　　图 11-3　选择特大杯，高亮（绿色）
　　　　显示，并显示序号 1　　　　　　　　　　　　　显示，并显示序号 2

11.1　杯型定义

咖啡杯的定义非常简单，包含杯型名称和关联图片名称，代码如下：

```
class Cup {
  var name: string = ""
  var image: string = ""
}
```

11.2 定义资源

工程中所需要的图片、文字、颜色、媒体等资源一般并不直接写入代码中，而是放到资源文件夹中进行组织，方便在工程中的任何位置使用。

11.2.1 图片资源

在工程的 resources 目录的 base/media 子目录下，加入显示杯型的 3 张所需图片，层级如下：

```
|-- resources
  |-- base
   |-- media
        |-- tall_cup.png
        |-- grande_cup.png
        |-- venti_cup.png
```

注意：可替换成任意近似的图片文件，图片名按顺序的意思是中杯、大杯、特大杯。

11.2.2 文字资源

与 demo 不同，正规工程中关于 UI 上的任何文字，按照规范需要全部置入工程的资源中，然后在代码中按名称进行引用。

在工程的 resources 目录的 base/element 子目录下的 string.json 文件中，加入显示杯型的 3 个名称字段的英文命名，层级如下：

```
|-- resources
  |-- base
   |-- element
          |-- string.json
```

string.json 文件的内容如下：

```
//第11章/string.json
{
  "string": [
    {
      "name": "tall_cup",
      "value": "Tall"
    },
    {
      "name": "grande_cup",
      "value": "Grande"
    },
```

```
        {
            "name": "venti_cup",
            "value": "Venti"
        },
    ]
}
```

与此同时，需要在 base 目录下建立一个对应的中文翻译子文件夹 zh_CN.element，同样新建一个 string.json 文件，路径如下：

```
|-- resources
    |-- base
        |-- zh_CN.element
                |-- string.json
```

string.json 文件的内容如下：

```
//第 11 章/string_cn.json
{
    "string": [
        {
            "name": "tall_cup",
            "value": "中杯"
        },
        {
            "name": "grande_cup",
            "value": "大杯"
        },
        {
            "name": "venti_cup",
            "value": "特大杯"
        },
    ]
}
```

11.2.3　颜色资源

颜色在 App 中经常被重复使用，所以也一并置入资源中，层级如下：

```
|-- resources
    |-- base
        |-- element
                |-- color.json
```

color.json 文件的内容如下：

```
//第11章/color.json

{
  "color": [
    {
      "name": "theme",
      "value": "#009E69"
    },
    {
      "name": "unselect",
      "value": "#D8D8D8"
    }
  ]
}
```

theme 代表主题色（亮绿色），unselect 代表未选中的杯型的颜色（暗灰色）。

11.3　新建组件的源码文件

新建 sizeOption.cj 源文件，用来表示杯型组件，文件夹的结构如下：

```
//项目文件夹
|-- src/main
    |-- cangjie/MainAbility
            |-- app.cj
            |-- pages
                    |-- index.cj
                    |-- sizeOption.cj
    |-- resources
    |-- config.json
```

11.4　数据源和状态变量定义

杯型的所有数据来自一个数据源，可使用数组来容纳。因为之前已经定义了杯型的类 Cup，所有杯型数据可以与类定义写到同一个仓颉文件，代码如下：

```
//第11章/sizeoption1.cj

class Cup {
  var name: string = ""
  var image: string = ""
}
```

```
@Entry
@Component
class SizeOption{

@State var cups: Array<Cup> = [
    Cup($r("app.string.tall_cup"), $r("app.media.tall_cup")),
    Cup($r("app.string.grande_cup"), $r("app.media.grande_cup")),
    Cup($r("app.string.venti_cup"), $r("app.media.venti_cup")),
  ]

    func build() {

        //build 函数中的代码

    }
}
```

因为需要显示选中杯型的序号，默认为 0（对应数组中的第 1 个索引），代码如下：

```
@State var selection: Int64 = 0
```

再声明一个纯序号的数组，从 cups 做 map 变换而来，作为循环渲染时的辅助：

```
@State cupsIndices : Array<Int64> = this.cups.map{(_, index) => index}
```

11.5　单个杯型的布局

先考虑第 1 个中杯的布局，其中的图片和文字是垂直排列的，所以可用第 10 章学到的 Column。显示图片用 Image 组件，给予图片在资源文件夹中的名称即可，所以单个的杯型代码如下：

```
//中杯的布局
Column {
        Image(this.cups[0].image)    //使用数组中第 1 个元素的图片
        Text(this.cups[0].name)      //名称
}
```

11.6　样式定义

很显然图片有尺寸约束（width、height），以及拉伸方式（objectFit）。ImageFit.Contain 是指保持图片原始长宽比，在规定的大小约束内完整地显示，代码如下：

```
//第 11 章/img.cj
Column {
```

```
Image(this.cups[0].image)
  .width(63)
  .height(138)
  .objectFit(ImageFit.Contain)//保持长宽比
Text(this.cups[0].name)
  .fontSize(20)


}
```

11.7 条件样式

当未被选中时，图片是暗灰色调的，当选择时为原色调。文字暗灰色与主题色之间切换。这属于有条件的属性切换，可以在属性中使用三元操作符。

renderMode 是指图片的渲染模式，Original 是指原始状态，Template 是未着色的状态（系统自动去掉彩色，保留灰度），代码如下：

```
//第 11 章/conditionStyle.cj
Column {

        Image(this.cups[0].image)
          .width(63)
          .height(138)
          .objectFit(ImageFit.Contain)
          .renderMode(this.selection == index ? ImageRenderMode.Original :
ImageRenderMode.Template)//图片渲染模式的三元判断

        Text(this.cups[0].name)
          .fontSize(20)
          .fontColor(this.selection == index ? $r("app.color.theme") :
$r("app.color.unselect")) //颜色的判断


    }
```

11.8 用户互动

用户可以单击杯型图片或者文字，以此来选择杯型，所以需要对容器本身加上互动事件，代码如下：

```
//第 11 章/click.cj
Column() {
```

```
        Image(this.cups[0].image)
          .width(63)
          .height(138)
          .objectFit(ImageFit.Contain)
          .renderMode(this.selection == index ? ImageRenderMode.Original :
ImageRenderMode.Template)


        Text(this.cups[0].name)
          .fontSize(20)
          .fontColor(this.selection == index ? $r("app.color.theme") :
$r("app.color.unselect"))
      }
    .padding(10) //内边距10
    .onClick({ event =>
      this.selection = index//用户单击后，把单击的序号赋值给 selection 变量
    })


  }
```

因为不止一种杯型，所以同时加上内边距属性 padding，以便多个杯型之间有间隔。

11.9　循环渲染

如果杯型有 20 种，就需要一种让代码通用化的方法。在超过显示 3 个及以上相同组件的场景下，建议使用循环渲染，示例代码如下：

```
//第 11 章/foreach.cj
//对咖啡杯型数组进行循环渲染，index 代指索引序号
ForEach(this.cupsIndices, { index =>


    Column() { //列容器


      Image(this.cups[index].image) //当前咖啡的杯型图片
        .width(63)
        .height(138)
        .objectFit(ImageFit.Contain)
        //如果被选中，则显示原图，否则显示灰度图
        .renderMode(this.selection == index ? ImageRenderMode.Original :
ImageRenderMode.Template)


      Text(this.cups[index].name) //当前咖啡的名称
        .fontSize(20)
        //如果被选中，则显示主题色，否则显示未选中的灰色
```

```
        .fontColor(this.selection == index ? $r("app.color.theme") :
$r("app.color.unselect"))
      }
      .padding(10)
      .onClick({event =>  //单击后，将索引切换为当前索引
       this.selection = index
      })


   }
 )
```

11.10　容器包装

　　所有杯型都生成后，需要一个容器将其容纳。因杯型需要水平排列，所以可将它们置入一个行容器中。杯型选择预览如图 11-4 所示。

图 11-4　杯型选择预览

11.10.1　序号显示

　　为了测试方便，在 Row 的 ForEach 之后加入一个选中后显示序号的辅助文字，代码如下：

```
Text(this.selection.toString())
    .fontSize(30)
    .fontColor($r("sys.color.id_color_foreground"))
```

其中，$r()函数可用于引用工程或系统中的资源，$r("sys.color.id_color_foreground")表示引用了系统默认的前景色，如图 11-5 所示。

图 11-5　加入了辅助序号文本

11.10.2　均分空间

目前看起来 Row 中的元素是整体偏左的，由于目前 Row 的属性限制不能均匀居中。可以使用 Flex 组件替代 Row，从而实现均匀分布（参数 justifyContent），示例框架代码如下：

```
Flex( justifyContent: FlexAlign.SpaceAround ) {

    //原 Row 中所有的代码

}
```

均匀分布如图 11-6 所示。

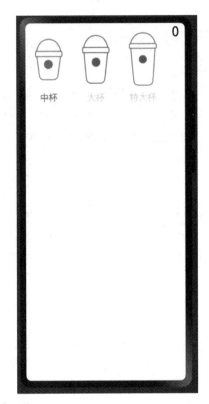

图 11-6　均匀分布

11.10.3　描边和圆角

为了显示整个区域与其他组件的区隔，可让边界凸显出来并着色。

1. 边宽

用于定义一个容器整体的边界线宽度，代码如下：

```
.borderWidth(1)
```

2. 边框色

这里使用前面定义的主题色，代码如下：

```
.borderColor($r("app.color.theme"))
```

3. 圆角

圆角使用频率非常高，可以起到更好的边框柔化效果，避免视觉上很尖锐的冲击，代码如下：

```
.borderRadius(18)
```

11.11 组合

将最终版的组件组合起来，代码如下：

```
//第11章/sizeoption.cj
class Cup {
  var name: string = ""
  var image: string = ""
}



@Entry
@Component
class SizeOption {

  @State var cups: Array<Cup> = [
    Cup($r("app.string.tall_cup"), $r("app.media.tall_cup")),
    Cup($r("app.string.grande_cup"), $r("app.media.grande_cup")),
    Cup($r("app.string.venti_cup"), $r("app.media.venti_cup")),
  ]

  @State var cupsIndices : Array<Int64> = this.cups.map{(_, index) => index}
  @State var selection: Int64 = 0

  func build() {

    Flex( justifyContent: FlexAlign.SpaceAround ) {

      ForEach(this.cupsIndices, {(index) =>
        Column {
          Image(this.cups[index].image)
            .width(63)
            .height(138)
            .objectFit(ImageFit.Contain)
            .renderMode(this.selection == index ? ImageRenderMode.Original :
ImageRenderMode.Template)
          Text(this.cups[index].name)
            .fontSize(20)
            .fontColor(this.selection == index ? $r("app.color.theme") :
$r("app.color.unselect"))
        }
        .padding(10)
```

```
      .onClick({event =>
        this.selection = index
      })
    })

  Text(this.selection.toString())
    .fontSize(30)
    .fontColor($r("sys.color.id_color_foreground"))
  }
  .borderWidth(1)
  .borderColor($r("app.color.theme"))
  .borderRadius(18)
  }

}
```

11.12　组件重用

自定义一个组件后，可以在其他页面像使用 Text 一样重复地使用。在 index.cj 文件中加入 SizeOption 及其参数如下：

```
//第 11 章/index.cj
@Entry
@Component
class Index {
  @State sel: Int64 = 0

  func build() {
    Column() {

      SizeOption(selection: this.sel)

    }
    .padding(20)
  }

}
```

杯型选择在首页的重用如图 11-7 所示。

图 11-7　杯型选择在首页的重用

仓颉 UI 案例：飞我电瓶车

本章展示一个类似打车 App 的小应用：飞我电瓶车。

页面相比传统打车 App 进行了大幅精简，只包括启动页、用户当前位置的定位地图、目的地搜索框和推荐景点列表、下单加载提示，以及下单成功提示页面。启动页如图 12-1 所示。

图 12-1　启动页

12.1 资源导入

本案例为了简单起见，将文字与颜色直接写在代码中，仅图片资源需要导入，将全部所需图片拖到资源文件夹的 media 子目录中，如图 12-2 所示。

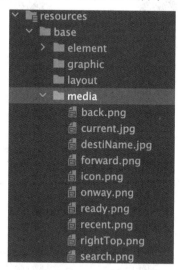

图 12-2 资源文件夹中的图片（除既有的 icon.png 外）

12.2 启动页结构

使用默认的 index.cj 入口页作为启动页，分析页面的结构，可以分为上下两层。
第 1 层有一个右上角类似荷叶的绿色曲面，如图 12-3 所示。
绿色曲面层的代码如下：

```
//第12章/rightcorner.cj
//第1层：绿色曲面
Column {

    Image($r("app.media.rightTop")) //右上角图片
      .width('100%')
      .height(200)
      .objectFit(ImageFit.Fill)
    Blank() //填充容器的剩余空间


}
.width('100%')
.height('100%')
```

这里代码引入了一个新 Blank 组件，它专门用于填充 Column 和 Row 这两种容器中组件之间的空白。因为右上角的图片占据了规定的 height(200) 的空间后，剩余的使用 Blank 全部填充，如此则可让图片占据上半部分。

如果将 Blank 的位置放到 Image 之前，则图片占据下半部分，如图 12-4 所示。

图 12-3　启动页的第 1 层（右上角荷叶型曲面）　　　　图 12-4　　Blank 在 Image 之上

很显然这不是想要的布局，所以 Blank 在 Column 或 Row 中的位置非常重要。是按照代码顺序很直观地依次排列。

第 2 层为 App 的名称和宣传文字，加上一个大图，底部有一个供用户单击进入功能页的按钮，如图 12-5 所示。

代码如下：

```
//第12章/text.cj
Column {
    Row {
      Text('飞我')
        .fontSize(40)
        .fontWeight(FontWeight.Bold)
      Text('电瓶车')
        .fontSize(40)
```

图 12-5　启动页第 2 层结构——App 名称和宣传词（蓝色底框选中）

```
    .fontWeight(FontWeight.Bold)
    .fontColor(Color.Green)
  Blank()
}


Row {

    Text('更自在')
      .fontSize(40)
      .fontWeight(FontWeight.Bold)
      .fontColor(Color.Orange)
    Blank()


}
```

```
Row {

    Text('高峰期，怕堵车？飞个电瓶车，绿色低成本出行！')
        .fontSize(14)
        .fontWeight(FontWeight.Normal)
    Blank()


    }
}
.padding(top:110,left:20)
```

.padding()样式为内边距，距离顶部（top）110，距离左侧（left）20。

中部的大图结构比较简单，是一张图片，如图 12-6 所示。

图 12-6　启动页第 2 层结构——大图

代码如下：

```
Image($r("app.media.ready"))
      .width(351)
      .objectFit(ImageFit.Contain)
      .aspectRatio(1) //保持图片长宽比为1
```

最下部是一个按钮，代码如下：

```
//第12章/button.cj
Button('来吧，小飞侠！')
      .backgroundColor('#03AA15') //背景色
      .height(72)
      .width(300)
      .onClick({ () => //单击后
        router.push( //页面跳转
          uri: 'pages/myDestination', //详情页
        )
      })
```

启动页第2层结构——进入按钮，如图12-7所示。

图 12-7 启动页第2层结构——进入按钮

需要注意的是，在按钮的 onClick 事件中，需要引用 router 组件进行页面的跳转，即单击后跳转到一个打车目的地选择页面，要使用 router 组件，需要在页面代码的顶部导入，代码如下：

```
import router.*;
```

另外需要注意 3 个组件之间是有间隔的，按钮与底部也有间隔，也可通过 Blank 组件实现。

Blank 组件的特别之处在于可以在 Column 或 Row 容器中自动分开，即组件间有间隔，无须人工计算，相当直觉化。第 1 个间隔效果如图 12-8 所示。

图 12-8　文字与大图的间隔

第 2 个间隔的效果如图 12-9 所示。

第 3 个间隔的效果如图 12-10 所示。

图 12-9　大图与按钮的间隔

图 12-10　按钮与底边的间隔

两层都已经实现完毕，把第 2 层叠加在第 1 层之上就形成一个有层次的堆叠布局，可以使用 Stack 容器组件实现这一点；另外，为了显得背景与本 App 的主题色（亮绿色）搭配，给予 Stack 容器一个稍浅的颜色。

12.3　最终启动页

将结构中的所有容器组合起来启动页就完成了，代码如下：

```
//第12章/index1.cj
```

```
import router.*;

@Entry
@Component

class Index {
  func build() {

    Stack {

      Column {

        Image($r("app.media.rightTop"))
          .width('100%')
          .height(200)
          .objectFit(ImageFit.Fill)
        Blank()


      }
      .width('100%')
      .height('100%')

      Column {

        Column{

          Row {

            Text('飞我')
              .fontSize(40)
              .fontWeight(FontWeight.Bold)

            Text('电瓶车')
              .fontSize(40)
              .fontWeight(FontWeight.Bold)
              .fontColor(Color.Green)

            Blank()

          }

          Row {
```

```
    Text('更自在')
      .fontSize(40)
      .fontWeight(FontWeight.Bold)
      .fontColor(Color.Orange)

    Blank()

  }

  Row {

    Text('高峰期，怕堵车？飞个电瓶车，绿色低成本出行！')
      .fontSize(14)
      .fontWeight(FontWeight.Normal)
    Blank()
  }
}
.padding({top:110,left:20})

Blank()

Image($r("app.media.ready"))
  .width(351)
  .objectFit(ImageFit.Contain)
  .aspectRatio(1)

Blank()

Button('来吧，小飞侠！')
  .backgroundColor('#03AA15')
  .height(72)
  .width(300)
  .onClick({() =>
    router.push({
      uri: 'pages/myDestination',
    })
  })

Blank()

}
.width('100%')
.height('100%')
```

```
    }
    .width('100%')
    .height('100%')
    .backgroundColor('#E5E5E5')

  }
}
```

12.4 加载指示器组件

常见的转圈指示器可以使用既有的基础组件组合，然后加上动画即可生成。要创建组件，在 pages 目录下新建源码文件 loading.cj。

12.4.1 组件结构

使用一个直径为 5 的小圆，在一个直径为 30 的大圆上制造一个缺口，大圆本身挖空，使其成一个圆环，圆环的宽度为 5，代码如下：

```
//第 12 章/ring.cj
Stack {
    Circle() //大圆
      .width(30)
      .height(30)
      .fillOpacity(0)        //填充的透明度
      .stroke(Color.Green)  //边框颜色
      .strokeWidth(5)        //边框宽度
      .padding(5)

    Column {

    Circle() //小圆
      .width(5)
      .height(5)
      .fill($r("sys.color.id_color_background")) //以系统背景色填充
      .stroke($r("sys.color.id_color_background"))//边框色
      .strokeWidth(3)
    }
    .height(35)
}
```

12.4.2 旋转动画

采用一个动画标记变量命名为 rotated，默认不旋转(false)，代码如下：

```
@State var rotated: boolean = false
```

在组件的结构加载（onAppear）完成时开始旋转，动画持续 1s，加速为线性均匀，无限次循环，代码如下：

```
//第12章/effect.cj
  .rotate(//旋转
    z: 1, //以 z 为轴，即平面旋转
    angle: this.rotated ? 0 : -360,//旋转角度从逆时针 360°到 0°
    centerX: '50%', //旋转中心，X 轴上的一半
    centerY: '50%'  //旋转中心，Y 轴上的一半
  )
  .animation( //动画
    duration: 1000, //时长
    curve: Curve.Linear, //动画的加速度：线性，即匀速
    iterations: -1 //循环次数，-1 为无限次
  )
  .onAppear({() =>
    this.rotated = !this.rotated //组件出现就开始旋转
  })
```

最终效果如图 12-11 所示。

图 12-11　加载指示器

12.5　目的地页

用户从启动页进入后，可以从地图定位或者手工输入目的地选择上车地点，以及显示历史搜索记录，如果没有搜索过，则可以选择推荐的知名地标地点，这里简单起见，将两个数据统一合并为历史数据。首先在 pages 目录下新建 myDestination.cj 源文件。

12.5.1　历史数据

这里使用一些有代表性的地点数据作为演示之用，代码如下：

```
//第12章/history.cj
@State var history: Array<object> = [
```

```
    {
      name: '采石矶公园',
      detail: '安徽省马鞍山市雨山区采石街道唐贤街 1 号'
    },
    {
      name: '三里屯太古里',
      detail: '北京市朝阳区三里屯路 11 号院 1 号楼'
    },
    {
      name: '东方明珠电视塔',
      detail: '上海市浦东新区陆家嘴东方明珠电视塔'
    },
    {
      name: '广州塔',
      detail: '广东省广州市阅江西路 222 号'
    },
    {
      name: '深圳湾公园',
      detail: '广东省深圳市滨海大道（近望海路）'
    },
  ]
```

导入加载指示器，用于提示选择地点后的下单进度，代码如下：

```
import Loading;
```

12.5.2　状态变量

定义一些状态变量作为界面状态辅助，包括显示历史记录面板、搜索过的地点、下单状态、加载状态，代码如下：

```
@State var showPanel: boolean = true
@State var searchPlace: string = ""
@State var ordered: boolean = false
@State var loading : boolean = false
```

12.5.3　下单函数

正常下单时将请求发送到云端，会有一定的延时，这种情况可使用 sleep 函数和异步请求来模拟，代码如下：

```
//第 12 章/order.cj
async func orderIt() { //异步的下单函数，即其中的一些代码需要较大延时
  if (this.searchPlace != "") {    //如果搜索框不为空
```

```
      this.loading = true            //加载中
      await sleep(2000)              //延时 2000μs，即 2s

      this.loading = false           //加载完成
      this.ordered = true            //已下单

      router.push(                   //页面跳转
        uri: 'pages/info',           //下单成功提示页
        params: {                    //参数
          current: this.searchPlace  //搜索的地点
        }
      )

    } else{
      prompt.showToast(              //提示框
        message: '请输入一个地点'
      )
    }
  }
```

12.5.4 弹性面板组件

类似地，需要将地图作为导航的页面，通常不希望搜索或下单操作跳转时覆盖地图，取而代之的方式是使用一个可以向上滑展开到页面占据整体页面 100%高度，而向下滑动可以缩小至 30%高度的弹性容器。这时 Panel 组件可以派上用场。

Panel 组件带一个伸缩自身与否的参数：

```
Panel(this.showPanel){
}
```

12.5.5 List 组件

多条的历史数据不仅要循环渲染，用户单击还可以互动，并且拖动到边缘时还要具有弹性效果，使用系统提供的 List 列表组件可以完美地匹配这一需求。

List 列表组件本身就是一个大容器，ListItem 是显示每条的容器，使用 ForEach 组件循环渲染每个 ListItem，配以样式再加上互动即可，代码如下：

```
//第 12 章/historyList.cj
List(space: 10, initialIndex: 0 ) {          //初始索引从 0 开始
        ForEach(this.history, {(item) =>     //对历史记录进行遍历
          ListItem() {                       //列表项是一个行容器
            Row {
```

```
        Image($r("app.media.recent"))         //最近搜索图标
          .width(40)
          .height(40)
          .objectFit(ImageFit.Contain)

        Column {                               //地点文字列
          Text(item.name).fontSize(18)         //地点名
          Text(item.detail).fontColor('#77869E') //详细地址
        }

        .padding( left: 10 )                   //左内边距20
        .alignItems(HorizontalAlign.Start)     //左对齐
        .onClick({() =>                        //单击列表项
          this.searchPlace = item.name         //搜索地点赋值
          this.orderIt()                       //调用下单函数
        })
      }
      .width('90%')
      .padding( left: 20 )                     //左内边距20

    }
  })
  }
  .width('100%')
  .height('50%')
```

12.5.6 组合

将以上各个子组件和数据组合起来，组件代码如下：

```
//第12章/myDestination.cj
import router;
import prompt;
import Loading;


@Entry
@Component
class myDestination {
  @State var history: Array<object> = [
    {
      name: '采石矶公园',
      detail: '安徽省马鞍山市雨山区采石街道唐贤街1号'
    },
```

```
  {
    name: '三里屯太古里',
    detail: '北京市朝阳区三里屯路 11 号院 1 号楼'
  },
  {
    name: '东方明珠电视塔',
    detail: '上海市浦东新区陆家嘴东方明珠电视塔'
  },
  {
    name: '广州塔',
    detail: '广东省广州市阅江西路 222 号'
  },
  {
    name: '深圳湾公园',
    detail: '广东省深圳市滨海大道（近望海路）'
  },
]
@State var showPanel: boolean = true
@State var searchPlace: string = ""
@State var ordered: boolean = false
@State var loading : boolean = false

async orderIt() {
  if (this.searchPlace != "") {
    this.loading = true
    await sleep(2000)

    this.loading = false
    this.ordered = true

    router.push(
      uri: 'pages/info',
      params: {
        current: this.searchPlace
      }
    )

  } else{
    prompt.showToast(
      message: '请输入一个地点'
    )
  }
}
```

```
func build() {
  Stack {
    Column {
      Row {
        Image($r("app.media.back"))
          .width(24)
          .aspectRatio(1)
          .onClick({() =>
            router.back()
          })

        Blank()
      }
      .padding( top: 40, left: 20, bottom: 20 )
  .width("100%")

      Image($r("app.media.destiName"))
        .width('100%')
        .height(400)

    }
    .width('100%')
    .height('100%')
    .backgroundColor('#E5E5E5')

    Panel(this.showPanel) {
      Column {
        Row {
          Text('飞').fontSize(25)
          Text('去哪').fontSize(25)
            .fontColor('#03AA15')
          Text('?').fontSize(25)
            .fontColor(Color.Orange)

          Text(this.searchPlace).fontSize(25)
          Blank()
        }.padding(20)

        if (this.ordered) {
          Text('您去往' + this.searchPlace + '的订单，骑手已经在途中了！')
            .fontSize(18)
            .backgroundColor(Color.Green)
```

```
      .borderRadius(5)
      .fontColor(Color.White)
      .onClick({()=>
        router.push(
          uri: 'pages/currentPosition',
          params: {
            current: this.searchPlace
          }
        )
      }).padding(5).margin(20)
}

Row {
  TextInput( placeholder: '搜索地点', text: this.searchPlace )
    .width('80%')
    .height(45)
    .onChange({(text) =>
      this.searchPlace = text
    })
  Blank()
  Button {

    Image($r("app.media.search"))
      .width(17)
      .aspectRatio(1)
      .objectFit(ImageFit.Contain)

  }
  .type(ButtonType.Normal)
  .borderRadius(15)
  .height(40)
  .width(60)
  .backgroundColor('#03AA15')
  .onClick(() => {
    this.orderIt()
  })
}
.padding(20)
.width('100%')
.height('20%')

if (this.loading) {
  Loading()
```

```
          }

          List( space: 10, initialIndex: 0 ) {
            ForEach(this.history, {(item) =>
              ListItem {

                Row {
                  Image($r("app.media.recent"))
                    .width(40)
                    .height(40)
                    .objectFit(ImageFit.Contain)

                  Column {
                    Text(item.name).fontSize(18)
                    Text(item.detail).fontColor('#77869E')
                  }
                  .padding({ left: 10 })
                  .alignItems(HorizontalAlign.Start)
                  .onClick({() =>
                    this.searchPlace = item.name
                    this.orderIt()
                  })
                }
                .width('90%')
                .padding( left: 20 )

              }
            })
          }
          .width('100%')
          .height('50%')

          Blank()

        }
        .width('100%')
        .height('100%')

      }
      .miniHeight(200)
      .mode(PanelMode.Half)
    }
  }
```

```
    }
```

目的地页如图 12-12 所示。

输入一个目的地，单击搜索后的效果如图 12-13 所示。

图 12-12　目的地页（完整面板展开）　　　图 12-13　目的地页（单击第 1 条下单瞬时的加载效果）

12.6　下单成功提示页

用户成功下单后，应该给予用户足够醒目的提示信息。首先在 pages 目录下新建 info.cj
源文件。

12.6.1　状态变量

因为下单时的打车地点来自上一个页面，从组件的状态来讲，并不是自身产生的状态，
所以不能使用@State 来标记，这时需要@Prop，即组件的状态由父组件传播而来，而且不
能更改打车地点信息，并且子组件一开始并不知道具体的地点，定义代码如下：

```
@Prop current: string
```

12.6.2 纯组件

因为加上@Entry 修饰的组件才可以预览，所以需要对打车页面进行一个纯组件 Info1 的包装，代码如下：

```
//第 12 章/info1.cj
@Component
class Info1 {
  @Prop var current: string

func build() {
   Stack{

    Column{
      Image($r("app.media.rightTop"))
        .width('100%')
        .height(200)
        .objectFit(ImageFit.Fill)

      Blank()
    }
.width('100%')
.height('100%')

    Column {
     Column{

       Text('恭喜！')
         .fontSize(40)
         .fontWeight(FontWeight.Bold)

       Row(){
        Text('小飞侠')
          .fontSize(25)
          .fontWeight(FontWeight.Bold)

        Text('在赶来的路上！')
          .fontSize(25)
          .fontWeight(FontWeight.Bold)
          .fontColor(Color.White)
          .backgroundColor(Color.Green)
```

```
      .textAlign(TextAlign.Center)
      .borderRadius(10)
      .padding(5)
      .margin(left:10)


  }


}
.padding(top:110,left:20)
.alignItems(HorizontalAlign.Start)

Blank()

Image($r("app.media.onway"))
  .width(351)
  .objectFit(ImageFit.Contain)
  .aspectRatio(1)

Blank()

Button(){

  Row{
    Text('TA 的位置')
      .fontColor(Color.White)
      .fontSize(20)

    Image($r("app.media.forward"))
      .width(24)
      .height(18)
      .objectFit(ImageFit.Contain)
  }

}
  .type(ButtonType.Normal)
  .backgroundColor('#03AA15')
  .borderRadius(15)
  .height(72)
  .width(300)
  .onClick({ ()=>
    router.push(
```

```
                    uri: 'pages/currentPosition',
                    params: {
                        current: this.current
                    }
                )
            })

        Blank()

        }
        .width('100%')
        .height('100%')

    }
    .width('100%')
    .height('100%')
    .backgroundColor('#E5E5E5')

    }
}
```

12.6.3   预览用组件

有了上面的 Info1 纯组件后，可以加上入口修饰，即可在预览器中预览，代码如下：

```
//第12章/info.cj
@Entry
@Component
class Info{
  @State var current: string = router.getParams().current

  func build(){
    Column{

      Info1(current: this.current)

    }
    .width('100%')
    .height('100%')
  }
}
```

12.6.4 组合

将以上纯组件和预览用组件组合起来，下单页的代码如下：

```
//第12章/info2.cj
import router;

@Entry
@Component class Info{
  @State var current: string = router.getParams().current

  func build(){

    Column{

      Info1(current: this.current)

    }
    .width('100%')
    .height('100%')
  }

}


@Component
class Info1 {
  @Prop var current: string

func build() {
    Stack{

      Column{

        Image($r("app.media.rightTop"))
          .width('100%')
          .height(200)
          .objectFit(ImageFit.Fill)

        Blank()

      }
      .width('100%')
```

```
  .height('100%')

Column {

  Column{

    Text('恭喜！')
        .fontSize(40)
        .fontWeight(FontWeight.Bold)

    Row(){

      Text('小飞侠')
        .fontSize(25)
        .fontWeight(FontWeight.Bold)

      Text('在赶来的路上！')
        .fontSize(25)
        .fontWeight(FontWeight.Bold)
        .fontColor(Color.White)
        .backgroundColor(Color.Green)
        .textAlign(TextAlign.Center)
        .borderRadius(10)
        .padding(5)
        .margin(left:10)

    }

  }
  .padding(top:110,left:20)
  .alignItems(HorizontalAlign.Start)

  Blank()

  Image($r("app.media.onway"))
    .width(351)
    .objectFit(ImageFit.Contain)
    .aspectRatio(1)

  Blank()

  Button{
```

```
        Row{
          Text('TA 的位置')
            .fontColor(Color.White)
            .fontSize(20)

          Image($r("app.media.forward"))
            .width(24)
            .height(18)
            .objectFit(ImageFit.Contain)

        }
      }
      .type(ButtonType.Normal)
      .backgroundColor('#03AA15')
      .borderRadius(15)
      .height(72)
      .width(300)
      .onClick({ ()=>
        router.push(
          uri: 'pages/currentPosition',
          params: {
            current: this.current
          }
        )
      })
      Blank()
    }
    .width('100%')
    .height('100%')

  }
  .width('100%')
  .height('100%')
  .backgroundColor('#E5E5E5')

  }
}
```

打车成功后的提示页如图 12-14 所示。

单击按钮后的预览如图 12-15 所示。

图 12-14　打车成功提示页

图 12-15　返回下单页的提示

12.7　骑手当前位置页

用户需要知道下单后骑手的当前位置，这里使用资源中的固定图片作为地图组件替代（本案例的地图皆是图片）。在 pages 目录下新建 currentPosition.cj 源文件。

12.7.1　状态变量

页面结构比较简单，因为骑手当前地点也是从上级页面而来，所以需要用到传播状态变量，代码如下：

```
@Prop var current: string
```

12.7.2　纯组件

当前位置的纯组件，代码如下：

```
//第12章/currentPosition1.cj
@Component
class currentPosition1 {
  @Prop var current: string

  func build() {
    Stack {
      Column {

        Row {

          Image($r("app.media.back"))
            .width(24)
            .aspectRatio(1)
            .onClick( {() =>
              router.back({
                uri: 'pages/myDestination'
              })
            })


          Text('TA 正在过来')
            .padding({left:10})
            .fontColor(Color.Green)
            .fontSize(20)

          Text(this.current)
            .fontColor(Color.Orange)
            .fontSize(20)

        }
        .width('100%')
        .padding( top: 40, left: 20, bottom: 20 )

        Image($r("app.media.current"))
          .width('100%')
          .height('100%')
```

```
      }
      .width('100%')
      .height('100%')
      .backgroundColor('#E5E5E5')


    }


  }
}
```

12.7.3 预览用组件

在纯组件的基础上加上入口修饰，以便预览，代码如下：

```
//第12章/currentPosition.cj
import router;

@Entry
@Component
class currentPosition{

 //接收上一个页面传递过来的地点参数
 @State var current: string = router.getParams().current

  func build{
    Column{
      //给予地点参数
      currentPosition1(current: this.current)

    }
    .width('100%')
    .height('100%')


  }
}
```

骑手当前位置如图 12-16 所示。

图 12-16　骑手当前位置

第 13 章

仓颉 UI 案例：鸿蒙之家

本章展示一个智能家居控制 App 的小应用：鸿蒙之家。启动页如图 13-1 所示。
首页如图 13-2 所示。
详情页如图 13-3 所示。

图 13-1　启动页

图 13-2　首页

图 13-3　餐厅电器控制页

13.1　资源导入

本案例为了简单起见，文字与颜色直接写在代码中，仅图片资源需要导入，将全部所需
图片拖到资源文件夹的 media 子目录中，如图 13-4 所示。

另外，启动页的图片，通常来自相对路径或者网络请求，在导入资源中进行引用可能并不合适，将与启动页相关的横幅图片单独保存到 pages 下新建的 img 子目录下，如图 13-5 所示。

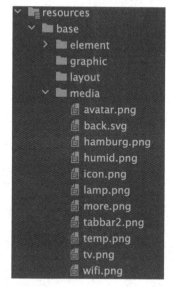

图 13-4　资源文件夹中的图片（除既有的 icon.png 外）

图 13-5　pages/img 文件夹中的图片

13.2　启动页

使用默认的 index.cj 入口页作为启动页，启动页既可以自动定时地进行播放，也可以手工左右滑动。可以直接使用系统提供的 Swiper 组件。

13.2.1　横幅数据

横幅数据使用了一个包含标题、副标题和图片路径的静态数组，代码如下：

```
//第13章/tips.cj
var tips = [
  {
    title: '智享鸿蒙，全屋智能',
    subtitle: 'HarmonyOS 分布式特性，以手机为中心的智能家庭',
    img: '/pages/img/cover1.jpeg'
  },
  {
    title: '轻松控制您的设备',
    subtitle: '无论您身处何处，都能轻松管理所有智能家居设备',
    img: '/pages/img/cover2.jpeg'
```

```
    },
    {
      title: '处处连接，流畅信号',
      subtitle: '使用普通的 WiFi 路由，以软总线也可以流畅连接',
      img: '/pages/img/cover3.jpeg'
    },
  ]
```

13.2.2　组件结构

使用 Swiper 与 List 组件类似，不同的是 Swiper 容器内部并不需要子项，直接使用 ForEach 构造一个子容器即可，代码如下：

```
//第 13 章/swiper.cj
Swiper {  //滑动横幅组件

    //对横幅数据进行循环渲染
    ForEach(this.tips, {item =>

    Column{

      Image(item.img)            //横幅图片
        .objectFit(ImageFit.Contain)
        .width(280)
        .height(280)

      Text(item.title)            //主标题
        .fontSize(30)
        .fontWeight(FontWeight.Bold)

      Text(item.subtitle)      //副标题
        .fontSize(18)
        .textAlign(TextAlign.Center)  //居中对齐

    }
    .height('60%')
    .width('80%')
  })

}
.index(1)              //索引位置
.autoPlay(true)          //自动播放
.interval(2400)          //横幅播放间隔 2400ms
.indicator(true)          //显示指示器
```

```
.duration(800)        //动画时长 800ms
```

13.2.3　开始按钮

另外，启动页下方的"开始"按钮可以单击，以便让用户进入首页，代码如下：

```
//第13章/startbtn.cj
Button('开始')
        .onClick({() =>   //单击
            router.push({  //跳转到首页
                uri: 'pages/home'
            })
        })
        .fontSize(20)
        .width(200)
        .height(50)
        .backgroundColor('#F95F5F')
```

把横幅与开始组装到列容器内，这样就完成了启动页。启动页横幅的第一张预览如图 13-6 所示。

启动页横幅的第二张预览如图 13-7 所示。

启动页横幅的第三张预览如图 13-8 所示。

图 13-6　启动页（1）

图 13-7　启动页（2）

图 13-8　启动页（3）

13.3　首页

首页的 UI 元素看起来虽然比较多，但依然可以分为 3 部分，即导航区域、数据网格、选项条，包含在 Column 中。在 pages 目录下新建源码文件 home.cj。

13.3.1　全屋智能家电数据

按照全屋的功能区域划分，列出用电量（volume）、温度（temp）、湿度（humid）、亮灯数（lamp）、电视机打开台数（tv）、路由器打开台数（router），对应的数据代码如下：

```
//第13章/rooms.cj
var rooms = [
    {
        title: '客厅',
        subtitle: '4',
        img: '/pages/img/livingroom.png',
        volume: [5.9, 2.5, 8.3, 11.2, 13.6, 2.9, 7.6,8.9, 1.2],
        temp: '22',
        humid: '67',
        lamp: 4,
        tv: 3,
        router: 1,
    },
    {
        title: '主卧',
        subtitle: '3',
        img: '/pages/img/bedroom.png',
        volume: [1.5, 2.6, 10.7, 3.5, 4.2, 3.4, 1.9 , 2.4, 4.5],
        temp: '25',
        humid: '60',
        lamp: 4,
        tv: 1,
        router: 1,
    },
    {
        title: '次卧',
        subtitle: '2',
        img: '/pages/img/bedroom.png',
        volume: [1.5, 1.6, 12.7, 3.8, 4.1, 5.4, 5.9 , 3.6, 0.9],
        temp: '23',
        humid: '50',
        lamp: 2,
        tv: 1,
```

```
      router: 1,
   },
   {
   title: '餐厅',
   subtitle: '6',
   img: '/pages/img/diningroom.png',
   volume: [1.1, 2.3, 0.5, 3.6, 11.2, 6.6, 7.9, 6.6, 4.5],
   temp: '19',
   humid: '68',
   lamp: 2,
   tv: 0,
   router: 1,
   },
   {
   title: '厨房',
   subtitle: '3',
   img: '/pages/img/kitchen.png',
   volume: [10.1, 5.3, 6.3, 2.9, 21, 10.5, 4.2, 7.3, 1.8],
   temp: '13',
   humid: '71',
   lamp: 1,
   tv: 0,
   router: 1,
   },
   ]
```

13.3.2　导航区域

导航区域可以视为一个按列依次加入的文字块，其中头像和汉堡按钮可以整合进一行，代码如下：

```
//第13章/nav.cj
Column { //导航区域
    Row { //图片部分
      Image($r("app.media.hamburg")) //汉堡按钮
        .objectFit(ImageFit.Contain)
        .height(24)
        .width(24)

      Blank()

      Image($r("app.media.avatar"))//头像
        .objectFit(ImageFit.Contain)
```

```
        .height(48)
        .width(48)
    }
    .width('100%')

    Blank()

    Text('欢迎来到鸿蒙之家')
        .fontSize(25)
        .fontWeight(FontWeight.Bold)

    Text('探索您梦想中的智能之家，鸿蒙家居控制系统来帮忙。')
        .fontSize(16)

}
.alignItems(HorizontalAlign.Start) //左对齐
.width('100%')
.height('25%')
.borderRadius(30) //圆角
.backgroundColor(Color.White) //白色背景
.padding(20)
```

首页导航区域如图 13-9 所示。

图 13-9　首页导航区域

13.3.3　数据网格

各屋的数据使用一张卡片，按网格的布局排列。使用 Column 或 Row 已经不能满足这样的布局要求，系统提供 Grid 组件来解决网格型的布局问题，与 List 相似，ForEach 配合使用 GridItem 循环渲染其中卡片的结构。卡片的结构可以视为一个 Column，内含图片和两段文字，代码如下：

```
//第13章/card.cj
Column { //卡片
        Image(item.img) //房间的图标
            .objectFit(ImageFit.Contain)
```

```
      .height(48).width(48)                //尺寸

      Blank()

      Text(item.title)                     //房间名
        .fontSize(18)
        .fontWeight(FontWeight.Bold)       //字体加粗

      Text(item.subtitle + '个设备')        //设备个数
        .fontSize(16)
        .fontColor('#8792A4')

}
```

卡片内容居左对齐、白色背景、圆角，并且不同的屋子卡片宽度可能有所不同，单击后可以跳转到详细数据页面，完善一下卡片样式和逻辑，代码如下：

```
//第13章/card2.cj
Column {
        Image(item.img)
          .objectFit(ImageFit.Contain)
          .height(48)
          .width(48)

        Blank()

        Text(item.title)
          .fontSize(18)
          .fontWeight(FontWeight.Bold)

        Text(item.subtitle + '个设备')
          .fontSize(16)
          .fontColor('#8792A4')

}
.padding(20)
.alignItems(HorizontalAlign.Start)        //左对齐
.backgroundColor(Color.White)             //白色背景
.borderRadius(20)                         //圆角
.width('100%')                            //占据容器的完整宽度
.height((item.title == '客厅' || item.title == '次卧') ? 150 : 160)
.onClick({ ()=>                           //单击后跳转
  router.push({
    uri: 'pages/detail',                  //目标详情页
```

```
            params: {
              room: item    //房间参数
            }
          })
       })
```

再嵌入 ForEach 和 GridItem 的循环渲染，完整代码如下：

```
//第13章/cardGrid.cj
//数据网格
Grid {
        //对房间数据进行循环
      ForEach(this.rooms, { item =>
       //网格单项
        GridItem {

          Column {

            Image(item.img)
              .objectFit(ImageFit.Contain)
              .height(48)
              .width(48)

            Blank()
            Text(item.title)
              .fontSize(18)
              .fontWeight(FontWeight.Bold)

            Text(item.subtitle + '个设备')
              .fontSize(16)
              .fontColor('#8792A4')

          }
          .padding(20)
          .alignItems(HorizontalAlign.Start)
          .backgroundColor(Color.White)
          .borderRadius(20)
          .width('100%')
          .height((item.title == '客厅' || item.title == '次卧') ? 150 : 160)
          .onClick({ ()=>
            router.push(
              uri: 'pages/detail',
              params: {
                room: item
```

```
            }
        )
    })
    }
})
}
.columnsTemplate('1fr 1fr')        //将网格分成两列
.columnsGap(20)                    //单个网格的列间距
.rowsGap(20)                       //单个网格的行间距
.padding(20)                       //网格整体内边距
.width('100%')
.height('60%')
```

首页数据网格如图 13-10 所示。

图 13-10　首页数据网格

13.3.4　选项条

底部的选项条并未加上互动功能，仅做装饰预留，代码如下：

```
Image($r("app.media.tabbar2"))
    .objectFit(ImageFit.Contain)
    .height(80)
    .width('100%')
```

首页选项条如图 13-11 所示。

图 13-11　首页选项条

13.3.5　组合

最后把导航区域、数据网格、选项条 3 个子组件依次装入一个 Column 中，首页也就组合完成了，如图 13-12 所示。

图 13-12　首页预览效果

13.4　开关组件

可以看到在详情页有开关组件，但是目前系统并未提供，需要自定义开关的外形，拖动动画和状态变量。要创建组件，依照惯例，在 pages 目录下新建源码文件 toggle.cj。

13.4.1　组件结构

开关的结构并不复杂，在一个圆角矩形上叠加一个圆形即可，代码如下：

```
//第13章/onoffstack.cj
```

```
Stack {
    Rect()//矩形
      .radius(24)//圆角
      .fill(this.barColor)//填充色
      .width(56)
    .height(28)

    Circle()//圆形
      .fill(this.on ? this.onColor : this.offColor)//填充色根据开关状态决定
      .width(30)
    .height(30)
  }
```

13.4.2 状态变量

采用一个开关标记变量，命名为 on，因为开关本身的状态需要回传给使用它的父组件，所以此变量使用@Link 修饰，定义如下：

```
@Link on: boolean //开关状态
```

13.4.3 颜色定义

开关的两种状态和圆角矩形的背景色定义如下：

```
var onColor = '#F95F5F'
var offColor = '#c1c1c1'
var barColor = '#F6F8FA'
```

13.4.4 单击动画

单击开关之后，让圆在圆角矩形上的布局在两端切换，同时切换状态变量，这个过程赋予一个时长为 250ms 的减速节奏型动画，以符合常规开关的节奏感，代码如下：

```
//第13章/onoffclick.cj
.onClick( {() =>
    animateTo({
      duration: 250, //动画时长
      curve: Curve.Rhythm, //动画曲线
    }, {() =>
      this.on = !this.on  //开关状态切换
    })

    })
```

13.4.5 纯组件

为了供预览组件使用，把上述代码包含在纯组件内，命名为 RedToggle，代码如下：

```
//第13章/redtoggle.cj
@Component
class RedToggle {
  @Link var on: boolean
  var onColor = '#F95F5F'
  var offColor = '#c1c1c1'
  var barColor = '#F6F8FA'

  func build() {
    Stack {
      Rect()
        .radius(24)
        .fill(this.barColor)
        .width(56)
      .height(28)

      Circle()
        .fill(this.on ? this.onColor : this.offColor)
        .width(30).height(30)
    }
    .alignContent(this.on ? Alignment.End : Alignment.Start)//位置从右到左切换
    .width(56)
    .height(30)
    .onClick( {() =>
      animateTo({
        duration: 250,        //动画时长
        curve: Curve.Rhythm, //动画曲线
      }, {() =>
        this.on = !this.on
      })

    })

  }
}
```

13.4.6 预览用组件

加上一个 Text 开关，以此来测试状态变量是否正确，代码如下：

```
//第13章/toggletest.cj
@Entry
@Component
class ToggleTest {
  @State var on: boolean = false

  func build() {
    Column {

      Blank()

      RedToggle( on: $on )

      Text(this.on ? '开' : '关')

      Blank()

    }
    .width('100%')
    .height('100%')
  }
}
```

13.4.7　组合

把上述代码组合在一起，关闭时如图 13-13 所示。
单击打开后，如图 13-14 所示。

图 13-13　开关关闭

图 13-14　开关打开

13.5　房屋智能读数结构

因为房屋内的各种智能传感器数据比较多，所以建立一个类数据模型文件备用。新建
Room.cj 文件，定义如下：

```
//第13章/room.cj
class Room {
  var title: string
  var subtitle: string
```

```
    var img: string
    var volume: Array<Int64>
    var temp: string
    var humid: string
    var lamp: Int64
    var tv: Int64
    var router: Int64


}
```

13.6 用电量组件

由于详情页中含量柱状图的用电量组件在系统中并无类似的组件可用，所以需要自定义外观和交互。要创建组件，在 pages 目录下新建源码文件 volumebar.cj。

13.6.1 状态变量

因为需要对柱状图统一高度和显示比例，所以需要一个与原始用电量相对的比例因子数组，而原始用电量因为可作为纯组件使用，所以使用@Link 修饰，定义如下：

```
@Link var rawVolume: Array<Int64>        //原始用电量
@State var volume: Array<Volume> = []    //用电量数组
```

比例因子类结构，定义如下：

```
//第13章/volumne.cj
class Volume {             //用电量
  var value: Int64         //值
  var index: Int64         //索引
  var factor: Int64        //比例因子
  var highest: Int64       //最高值
}
```

另外，用户可以单击某个时间，以便整点地查看用电量，所以需要记住用户的选择项，定义如下：

```
@State var selection: Int64 = 0
```

最后一个是柱状图的最大高度，因为用电量数据都由上一级传递下来，所以一开始并不知道该整点的柱状图的高度是多少，需要临时计算，默认为 0，代码如下：

```
var maxH = 0 //最大高度115
```

最后附加一个计算整点的小函数：

```
    func currentHour() {
```

```
  const d =  Date()
  return d.getHours()
}
```

13.6.2　组件结构

用电量柱状图从结构上可以视为一列有固定高度，但宽度自由的列表，框架结构代码如下：

```
Column{
    List { … }
}
```

列表内部的每个柱状图依然是一列，最上层是显示用电量的圆角红色矩形，但默认只有列表中最大用电量时间点才显示，最下部分是整点时间，如图13-15所示。

图 13-15　用电量柱状图

另外，用户互动后，用电量的显示和隐藏，以及整点的柱状图颜色变化，也需要加入其中考虑，代码如下：

```
//第13章/container.cj
  Column {                        //用电量容器
      Column {                    //度数容器

        Blank()

        Stack {                   //堆叠容器

         Rect( height: 30, width: 55 ) //矩形
           .radius(13)            //圆角
           .fill('#F95F5F')       //主题色填充

         Text(`${item.value}kw·h`)     //度数文本
           .fontSize(12)
           .fontColor(Color.White)     //白色
```

```
        }
            .margin( bottom: 5 )      //底边距
            //透明度：当选中时显示整个度数容器，否则不可见(值为 0)
            .opacity(item.index == this.selection ? 1 : 0)

        //柱状图堆叠容器，底对齐
        Stack( alignContent: Alignment.BottomEnd ) {
            //柱状图的矩形，高度为最大高度乘以比值因子，宽度固定为 34
            Rect( height: this.maxH * item.factor, width: 34 )
                .radius(10)           //圆角
                //选中或非选中的填充色
                .fill(this.selection == item.index ? '#F95F5F' : '#FBE9E9')

            }
        }
        //容器高度的算法，其中 115 是柱状图最大高度，5*2 是外边距间距高度
        .height(115 + 30 + 5 * 2)          //30 是度数容器高度
        .margin({ top: 5, bottom: 5 })  //外边距

        //时间段文本显示，取当前时间的整点
        Text(this.currentHour() + item.index + ':00')
            .fontSize(12)
            //选中或非选中的字体颜色
            .fontColor(this.selection==item.index ? '#1C2D57' : '#8792A4')
    }
```

在单个的柱状图显示时加入动画，这样整体展示时每个柱状图就有一种向上涌起的动态效果，从而让用户可以察觉到每个时段用电量的变化，动效代码如下：

```
//第 13 章/containerEffect.cj
//柱状图展示动效
        .onAppear( {() =>
        animateTo({                //动画
            duration: 1300,        //时长
            curve: Curve.Rhythm,   //节奏特效
        }, {() =>
            this.maxH = 115        //柱状图最大值
            this.selection = item.highest //选中为当前最高值
        })
    })
```

加入用户的单击互动，代码如下：

```
    .onClick( {() =>
```

```
    //选中为当前的索引
    this.selection = item.index

})
```

不过接下来的难题在于，如何确定柱状图的高度比例，一开始加载显示最高的整点并以红色显示。这个高度需要在整个用电量组件加载时予以计算，具体的代码如下：

```
//第13章/heightCalc.cj
.height(115 + 30 + 5 * 2 + 35) //最大高度 + 时间文本 + 上下间距+ 温度容器
  .onAppear({()=>
    //对用电量数组进行变换，value 对应单个元素，index 是索引
    this.volume = this.rawVolume.map({(value, index) =>
      //求用电量最大值，使用 max 函数
      let maxValue = Math.max(...this.rawVolume)
      //比例因子是用用电量除以最大值
      let factor = value / maxValue
      //如果比例因子是 1，则赋予最大值
      let highest = (factor == 1 ? index : 0)
      //变换后除了用电量、索引以外，还加入了对应的比例因子及最大值
      return { value, index, factor, highest }
    })

  })
```

方法并不复杂，先求用电量数组中最大的一个元素，使用数学库的 max 函数，然后其他的元素与最大的元素进行相除得出比例因子，加入比例因子数组。

13.6.3 组合测试

加一个测试用电量数组，来测试柱状图最高显示和其余的比例，以及互动是否正确，测试数组代码如下：

```
@State var rawVolume: Array<Int64> = [2, 6.9, 4.6, 1, 3, 2, 2.2]
```

把上述代码组合在一起，组合后 volumebar.cj 文件的代码如下：

```
//第13章/volumebar.cj
class Volume {
  var value: Int64
  var index: Int64
  var factor: Int64
  var highest: Int64
}
```

```
@Entry
@Component
class VolumeBar1 {
  @State var rawVolume: Array<Int64> =  [2, 6.9, 4.6, 1, 3, 2, 2.2]

  func build() {

    Column {

      VolumeBar(rawVolume: $rawVolume)

    }

  }
}

@Component
class VolumeBar {

  @Link var rawVolume: Array<Int64>
  @State var volume: Array<Volumn> = []

  @State var selection: Int64 = 0
  var maxH = 0  //最大高度115

  func currentHour() {
    const d =  Date()
    return d.getHours()
  }

  func build() {

    Column{

      List {

        ForEach(this.volume,  {item =>

          ListItem {

            Column {

              Column {
```

```
    Blank()

    Stack {

      Rect( height: 30, width: 55 )
        .radius(13)
        .fill('#F95F5F')

      Text(`${item.value}kw·h`)
        .fontSize(12)
        .fontColor(Color.White)

    }
    .margin( bottom: 5 )
    .opacity(item.index == this.selection ? 1 : 0)

    Stack( alignContent: Alignment.BottomEnd ) {

      Rect( height: this.maxH * item.factor, width: 34 )
        .radius(10)
        .fill(this.selection == item.index ? '#F95F5F' : '#FBE9E9')

    }
  }
  .height(115 + 30 + 5 * 2)
  .margin({ top: 5, bottom: 5 })

  Text(this.currentHour() + item.index + ':00')
    .fontSize(12)
    .fontColor(this.selection==item.index ? '#1C2D57' : '#8792A4')
}
.onAppear( {() =>
  animateTo({

    duration: 1300,
    curve: Curve.Rhythm,

  }, {() =>

    this.maxH = 115
    this.selection = item.highest

  })
})
```

```
        .onClick( {() =>

            this.selection = item.index

        })

      }
    })
  }
  .listDirection(Axis.Horizontal)
}
.width('100%')
.height(115 + 30 + 5 * 2 + 35) //柱条(最大高度) + 时间条 + 间隙×2 + 温度条
.onAppear({()=>
    this.volume = this.rawVolume.map({(value, index) =>

      let maxValue = Math.max(...this.rawVolume)
      let factor = value / maxValue
      let highest = (factor == 1 ? index : 0)
      console.log(`factor=${factor},highest=${highest}`)
      return { value, index, factor, highest }

    })
  })
}
}
```

预览显示最高柱状图测试效果如图 13-16 所示。

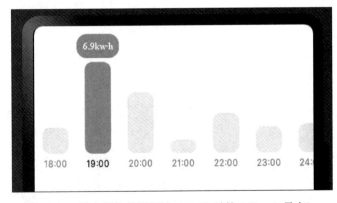

图 13-16　用电量柱状图测试（19:00 时的 6.9kw·h 最高）

手动选中一个时间段的效果如图 13-17 所示。

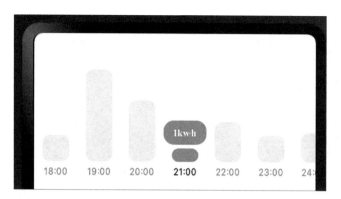

图 13-17　用电量柱状图测试（单击 21:00 选中并显示）

横向滑动至最右侧，选中最后一个时间段的效果如图 13-18 所示。

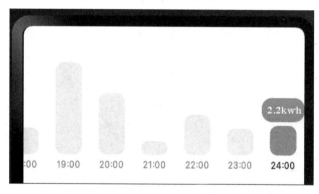

图 13-18　用电量柱状图测试（拖到到末尾并单击 24:00）

13.7　详情页

用户从首页的数据网格，单击某个房间，以便查看详细的数据及进行相应的控制操作。本页稍显复杂，分为导航栏、温湿度卡片、用电量柱状图、设备列表卡片。

13.7.1　状态变量

本页包含房间的数据,其中用电量数据可以单独提取出来,另外还有设备列表卡片的灯、电视和路由器控制，定义代码如下：

```
//第13章/statevar.cj
var room : Room                        //房间数据

  @State var volume: Array<Int64> = []  //用电量

  @Link var lampOn : boolean           //灯打开
```

```
@Link var tvOn : boolean         //电视打开
@Link var WiFiOn : boolean       //路由器打开
```

13.7.2　导航栏

导航栏是由 3 部分组成的一行区域，代码如下：

```
//第13章/detailNav.cj
Row {
    Image($r("app.media.back")) //返回按钮
      .objectFit(ImageFit.Contain)
      .height(24)
      .width(24)
      .onClick({()=>            //单击后返回上一页
        router.back()
      })

    Blank()

    Text(this.room.title)       //居中的房间名称，例如餐厅
      .fontSize(20)

    Blank()

    Image($r("app.media.more"))
      .objectFit(ImageFit.Contain)
      .height(24)
      .width(24)

}
.width('100%')
.padding(20)
```

详情页的导航如图 13-19 所示。

图 13-19　详情页的导航

13.7.3　温湿度卡片

温湿度卡片是一个具有白色背景圆角的，内嵌两个按列布局的图文区域，总体是在一行

之内，可使用 Row 容器实现，代码如下：

```
//第13章/tempcard.cj
Row {

    Image($r("app.media.temp"))          //温度图标
      .objectFit(ImageFit.Contain)
      .width(12)
      .height(27)
      .margin(15)                        //外边距

    Column(space: 5){                    //温度数据容器，垂直排列

      Text(this.room.temp + '°C')        //温度数据
        .fontSize(18)
        .fontWeight(FontWeight.Bold)     //粗体字

      Text('温度')
        .fontSize(15)
        .fontColor('#8792A4')

    }
    .alignItems(HorizontalAlign.Start)   //列容器内组件左对齐

    Blank()

    Image($r("app.media.humid"))         //湿度图标
      .objectFit(ImageFit.Contain)
      .width(14)
      .height(23)
      .margin(15)

    Column(space: 5){                    //湿度数据容器，垂直排列

      Text(this.room.humid + '%')        //湿度数据
        .fontSize(18)
        .fontWeight(FontWeight.Bold)     //粗字体

      Text('湿度')
        .fontSize(15)
        .fontColor('#8792A4')

    }
```

```
       .alignItems(HorizontalAlign.Start)    //列容器内组件左对齐


   }
   .width('90%')
   .height('15%')
   .borderRadius(30)                          //圆角
   .backgroundColor(Color.White)              //白色背景
   .padding(30)
   .margin(20)
```

温湿度卡片详情页如图 13-20 所示。

图 13-20   温湿度卡片详情页

13.7.4   用电量柱状图

有了 13.6.3 节用电量组件，这部分的实现就容易了很多，只需定义一个标题区域，把用电量数据传入组件，代码如下：

```
//第 13 章/vrow.cj
Row() {

    Text('用电量')
      .fontSize(20)
      .fontWeight(FontWeight.Bold)//粗字体

    Blank()

}
.width('100%')
.padding( left: 20, right: 20, top: 20 )//左右顶边距

VolumeBar(rawVolume: $volume)
```

用电量柱状图详情页如图 13-21 所示。

13.7.5   设备列表卡片

设备列表卡片包含有限的相对固定的条目，所以这里并不打算使用 ForEach 循环渲染，

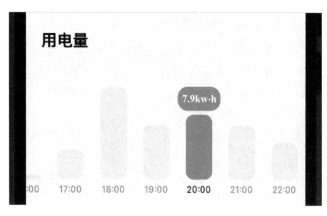

图 13-21 用电量柱状图详情页

而是全部一一列出，代码如下：

```
//第13章/deviceCard.cj
Row{ //卡片容器
        Image($r("app.media.lamp")) //灯的图标
          .objectFit(ImageFit.Contain)
          .width(48)
          .height(48)

        Column{ //灯容器

          Text('灯')
            .fontSize(18)
            .fontWeight(FontWeight.Bold) //粗字体

          //根据灯的打开状态，显示的文本
          Text(this.lampOn ? `已打开${this.room.lamp}个` : '已关闭')
            .fontSize(15)
            .fontColor('#8792A4')

        }
        .padding(left: 10) //左边距
        .height(50)
        .alignItems(HorizontalAlign.Start)//左对齐

        Blank()

        RedToggle(on: $lampOn)                   //开关
}
.width('100%')
```

```
      .padding(left:20,bottom:20,right:20)

  Row{

    Image($r("app.media.tv"))                    //电视图标
      .objectFit(ImageFit.Contain)
      .width(48)
      .height(48)

    Column(){  //电视文字容器

      Text('电视')
        .fontSize(18)
        .fontWeight(FontWeight.Bold)        //粗字体

      //根据电视打开状态显示状态
      Text(this.tvOn ?  `已打开${this.room.tv}台`  :  '已关闭')
        .fontSize(15)
        .fontColor('#8792A4')

      Blank()
    }
    .padding(left: 10)
    .height(50)
    .alignItems(HorizontalAlign.Start)  //左对齐

    Blank()

    RedToggle(on: $tvOn)                     //开关
  }
  .width('100%')
  .padding(left:20,bottom:20,right:20)

  Row(){

    Image($r("app.media.WiFi"))              //路由器图标
      .objectFit(ImageFit.Contain)
      .width(48)
      .height(48)

    Column{

      Text('路由器')
```

```
        .fontSize(18)
        .fontWeight(FontWeight.Bold)        //粗字体

      //根据路由器的状态来显示的文本
      Text(this.WiFiOn ?`已打开${this.room.router}个` : '已关闭')
        .fontSize(15)
        .fontColor('#8792A4')

      Blank()

    }
    .padding(left: 10)
    .height(50)
    .alignItems(HorizontalAlign.Start)  //左对齐

    Blank()

    RedToggle(on: $WiFiOn)                  //开关
  }
  .width('100%')
  .padding(left:20,bottom:20,right:20) //上下和右侧内边距
}
.borderRadius(30)
.backgroundColor(Color.White)
```

设备列表卡片详情页如图 13-22 所示。

图 13-22　设备列表卡片详情页

13.7.6　组合测试

将以上纯组件和预览用组件组合起来，详情页的代码如下：

```
//第13章/detail.cj
import router
import Room
import RedToggle
import VolumeBar

@Entry
@Component
struct Detail {
 @State  var room: Room
     = router.getParams().room

  @State lampOn : boolean = true
  @State tvOn : boolean = false
  @State WiFiOn : boolean = true

  func build(){
    Column {

      Detail1(room: this.room,
        lampOn: $lampOn,
        tvOn: $tvOn,
        WiFiOn: $WiFiOn

      )
    }
    .width('100%')
    .height('100%')
  }
}

@Component
class Detail1 {
  var room : Room

  @State var volume: Array<Int64> = []

  @Link var lampOn : boolean
  @Link var tvOn : boolean
  @Link var WiFiOn : boolean

  func build() {
    Column {
```

```
Row {

  Image($r("app.media.back"))
    .objectFit(ImageFit.Contain)
    .height(24).width(24)
    .onClick({()=>

      router.back()

    })

  Blank()

  Text(this.room.title)
    .fontSize(20)

  Blank()

  Image($r("app.media.more"))
    .objectFit(ImageFit.Contain)
    .height(24)
    .width(24)

}
.width('100%')
.padding(20)

Row {

  Image($r("app.media.temp"))
    .objectFit(ImageFit.Contain)
    .width(12)
    .height(27)
    .margin(15)

  Column(space: 5){

    Text(this.room.temp + '°C')
      .fontSize(18)
      .fontWeight(FontWeight.Bold)

    Text('温度')
```

```
        .fontSize(15)
        .fontColor('#8792A4')


      }
      .alignItems(HorizontalAlign.Start)


      Blank()


      Image($r("app.media.humid"))
        .objectFit(ImageFit.Contain)
        .width(14)
        .height(23)
        .margin(15)


      Column(space: 5){

        Text(this.room.humid + '%')
          .fontSize(18)
          .fontWeight(FontWeight.Bold)


        Text('湿度')
          .fontSize(15)
          .fontColor('#8792A4')


      }
      .alignItems(HorizontalAlign.Start)

    }
    .width('90%')
    .height('15%')
    .borderRadius(30)
    .backgroundColor(Color.White)
    .padding(30)
    .margin(20)


    Row() {

      Text('用电量')
        .fontSize(20)
        .fontWeight(FontWeight.Bold)

      Blank()
```

```
}
.width('100%')
.padding( left: 20, right: 20, top: 20 )

VolumeBar(rawVolume: $volume)

Column{

  Row {

    Text('设备')
      .fontSize(20)
      .fontWeight(FontWeight.Bold)

    Blank()

  }
  .width('100%')
  .padding(20)

  Row{

    Image($r("app.media.lamp"))
      .objectFit(ImageFit.Contain)
      .width(48)
      .height(48)

    Column{

      Text('灯')
        .fontSize(18)
        .fontWeight(FontWeight.Bold)

      Text(this.lampOn ? `已打开${this.room.lamp}个` : '已关闭')
        .fontSize(15)
        .fontColor('#8792A4')

    }
    .padding(left: 10)
    .height(50)
    .alignItems(HorizontalAlign.Start)
```

```
    Blank()

    RedToggle(on: $lampOn)
}
.width('100%')
.padding(left:20,bottom:20,right:20)

Row{

    Image($r("app.media.tv"))
      .objectFit(ImageFit.Contain)
      .width(48)
      .height(48)

    Column(){

      Text('电视')
        .fontSize(18)
        .fontWeight(FontWeight.Bold)

      Text(this.tvOn ? `已打开${this.room.tv}台` : '已关闭')
        .fontSize(15)
        .fontColor('#8792A4')

      Blank()

    }
    .padding(left: 10)
    .height(50)
    .alignItems(HorizontalAlign.Start)

    Blank()

    RedToggle(on: $tvOn)
}
.width('100%')
.padding(left:20,bottom:20,right:20)

Row(){

    Image($r("app.media.WiFi"))
      .objectFit(ImageFit.Contain)
      .width(48)
```

```
                .height(48)

            Column{

                Text('路由器')
                    .fontSize(18)
                    .fontWeight(FontWeight.Bold)

                Text(this.WiFiOn ?`已打开${this.room.router}个` : '已关闭')
                    .fontSize(15)
                    .fontColor('#8792A4')

                Blank()
            }
            .padding(left: 10)
            .height(50)
            .alignItems(HorizontalAlign.Start)

            Blank()

            RedToggle(on: $WiFiOn)

        }
        .width('100%')
        .padding(left:20,bottom:20,right:20)
        }
        .borderRadius(30)
        .backgroundColor(Color.White)


    }
    .onAppear({()=>

        this.volume = this.room.volume

    })
    .width('100%')
    .height('100%')
    .backgroundColor('#F6F8FA')
    }
}
```

餐厅的详情页如图 13-23 所示。
客厅的详情页如图 13-24 所示。

图 13-23　餐厅详情页

图 13-24　客厅详情页

主卧的详情页如图 13-25 所示。
厨房的详情页效果如图 13-26 所示。

图 13-25　主卧详情页

图 13-26　厨房详情页

仓颉 UI 案例：卡星租车

本章展示一个类似租车 App 的小应用：卡星租车。启动页如图 14-1 所示。

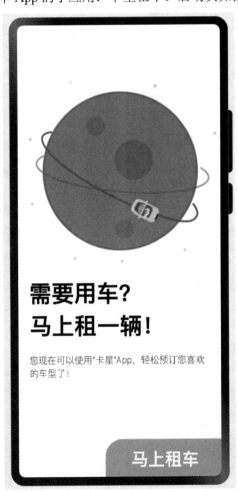

图 14-1　启动页

地图定位页如图 14-2 所示。

选车列表页如图 14-3 所示。

图 14-2　地图定位页

图 14-3　选车列表页

选车列表页向下滑动，如图 14-4 所示。

车况详情页向下滑动，如图 14-5 所示。

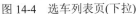

图 14-4　选车列表页(下拉)

图 14-5　车况详情页

14.1　资源导入

本案例为了简单起见，文字与颜色直接写在代码中，仅图片资源需要导入，将所需图标拖到资源文件夹的 media 子目录中，如图 14-6 所示。

可选车型和评星图片为了引用方便，导入 pages 目录下新建的 img 文件夹中，如图 14-7 所示。

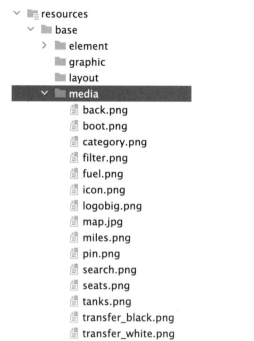

图 14-6　资源文件夹中的图片（除既有的 icon.png 外）

图 14-7　pages/img 中的图片

14.2　启动页结构

使用默认的 index.cj 入口页作为启动页，启动页的结构比较简单，从上到下将 3 个组件列入一个 Column 容器即可。

14.2.1　跃动的标志

此组件从表现形式上看有一个上下略微浮动的效果，定义一个跃动的垂直距离状态变量，代码如下：

```
@State var offsetY: Int64 = 0
```

组件为一个 Image 组件，代码如下：

```
Image($r("app.media.logobig"))
    .objectFit(ImageFit.Contain)
    .width(352)
    .height(315)
```

设置一个 y 轴即垂直方向的偏移，代码如下：

```
.translate(y: this.offset})        //平移
```

在组件显示时将跃动位置设置为 5，代码如下：

```
.onAppear( {() =>
        this.offsetY -= 5        //y轴位移
    })
```

动画效果为时长 1s 的律动曲线动画，无限循环，代码如下：

```
.animation(                        //动画
        duration: 1000,            //时长1000ms
        curve: Curve.Rhythm,       //律动
        iterations: -1             //无限循环
    )
```

组件预览如图 14-8 所示。

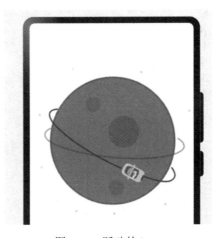

图 14-8   跃动的 logo

14.2.2   中部文本

中部文本比较简单，是两段大小和磅数不同的文字，代码如下：

```
//第14章/text.cj
Text('需要用车? \n 马上租一辆! ')
    .fontSize(40)
    .fontWeight(FontWeight.Bold)
    .margin(top:20,bottom:20)


Text('您现在可以使用"卡星"App, 轻松预订您喜欢的车型了! ')
    .fontSize(16)
    .padding(right:20)  .
    .fontWeight(FontWeight.Lighter)
```

中部文本如图 14-9 所示。

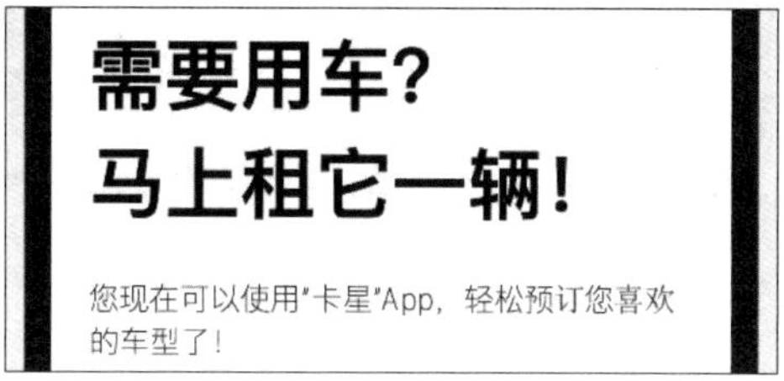

图 14-9 中部文本

14.2.3 底部按钮

底部是一个居右下角的圆角按钮，但由于位置的关系，按钮只有左上角是圆角。不过系统的标准按钮 Button 并没有单独设置每个角的圆角功能，这里的实现方法是把按钮尺寸变大，然后将一部分偏移出屏幕，居中的文字再以相反的方向偏移修正，代码如下：

```
//第14章/bottomBtn.cj
Row(){ //底部圆角按钮容器

    Blank()

    Button(){
      Text('马上租车')
        .fontWeight(FontWeight.Bold)
        .fontSize(30)
        .fontColor(Color.White)
        .translate(x:-10,y:-10) //文字向左下方平移10
    }
      .type(ButtonType.Normal) //默认按钮样式
      .borderRadius(30) //圆角
      .backgroundColor('#39B782')
      .height(90)
      .width(230)
      .translate(x:25,y:25) //按钮向右上方平移25
      .onClick({()=> //单击
        router.push( //页面跳转
          uri: 'pages/map' //地图定位页
        )
      })
    }
    .width('100%')
```

单击"马上租车"按钮可以进入地图定位页面，所以这里加上了 onClick 事件，其中有

router 的页面跳转预览，如图 14-10 所示。

图 14-10　底部居右的按钮

14.2.4　组合

把上面的 3 部分组合起来，启动页的预览效果如图 14-11 所示。

图 14-11　启动页效果

14.3　车型数据结构

车行待租的车辆本身有相关的名称、厂商、续航里程、燃料类型等属性，把这些属性都
整合到一个类中，以便作为数据模型使用，定义如下：

```
//第14章/car.cj
```

```
class Car {
  var name: string          //车名
  var company: string       //厂商
  var price: string         //价格
  var miles: string         //续航里程
  var boot: string          //挡位类型：手动或自动
  var tanks: string         //缸数
  var fuel: string          //燃料类型
  var seats: string         //座位数
  var category: string      //类目
  var fuelRating: number    //燃料评分
  var comfortRating: number //舒适度评分
  var safeRating: number    //安全评分
  var img: string           //图片
}
```

14.4　地图定位页

地图定位页比较简单，底层用一张地图图片，右下角依然是选车按钮，使用 Stack 容器布局即可，代码如下：

```
//第 14 章/map.cj
import router;

@Entry
@Component
class map {
  func build {

    Stack{          //地图页根容器

      Column{       //地图容器

        Image($r("app.media.map")) //地图图片
          .objectFit(ImageFit.Cover)

      }
      .width('100%')
      .height('100%')

      Column  {  //图钉容器

        Blank()
```

```
    Image($r("app.media.pin")) //图钉图片
      .objectFit(ImageFit.Contain)
      .width(49)
      .height(78)
      .margin(100)

   Blank()

   Row(){          //按钮容器

     Blank()

     Button()     //选车按钮
     {
       Text('我要选车')
         .fontWeight(FontWeight.Bold)
         .fontSize(30).fontColor(Color.White)
         .translate(x:-10,y:-10) //往左下偏移 10
     }
     .type(ButtonType.Normal)     //默认按钮样式
     .borderRadius(30)            //圆角
     .backgroundColor('#39B782')
     .height(90)
     .width(230)
     .translate(x:25,y:25)        //往右上偏移 25
     .onClick({()=>              //单击
       router.push(             //跳转
         uri: 'pages/carlist'    //预订页
       )
     })
    }.width('100%')
  }
  .alignItems(HorizontalAlign.Start) //左对齐
  .padding(left:20,top:100)
  .width('100%')
  .height('100%')
 }
 .width('100%')
 .height('100%')
 }

}
```

地图定位页如图 14-12 所示。

图 14-12　地图定位页

14.5　预订页

用户从启动页进入后，可以从地图定位并选择租车点，然后进入选车页面，有众多的车型可供用户挑选和预订。

按照功能，从上到下可划分为 4 个区域：搜索栏、标题栏、筛选栏、车型列表区域。将这 4 部分依次装入一个 Column 容器即可组装完成整个页面。

在 pages 目录新建一个 carlist.cj 文件。

14.5.1 搜索栏

搜索栏含两个元素,在一行内显示。返回按钮用于返回上一页,以便重新选择租车地点,为了简单起见,这里并未加上交互功能,代码如下:

```
Image($r("app.media.back"))
        .objectFit(ImageFit.Contain)
        .width(24)
        .height(24)
```

搜索按钮用于输入文字,以便搜索车型,这里也没有加上交互功能,代码如下:

```
Image($r("app.media.search"))
        .objectFit(ImageFit.Contain)
        .width(24)
        .height(24)
```

组合起来,加入间隔,代码如下:

```
//第14章/search.cj
Row {

    Image($r("app.media.back"))
    .objectFit(ImageFit.Contain)
    .width(24)
    .height(24)


    Blank()

    Blank()

    Image($r("app.media.search"))
    .objectFit(ImageFit.Contain)
    .width(24)
    .height(24)

}
.width('100%')
.padding(20)
```

搜索栏如图 14-13 所示。

图 14-13 搜索栏

14.5.2 标题栏

标题栏可以使用 Column 实现文字左对齐的布局, 代码如下:

```
//第14章/title.cj
Column {

    Text('您想预订的是？')
      .fontSize(30)
      .fontWeight(FontWeight.Bold) //粗体
      .fontColor('#1E3354')

}
.alignItems(HorizontalAlign.Start) //左对齐
.width('100%')
.padding(20)
```

标题栏如图 14-14 所示。

您想预订的是?

图 14-14 标题栏

14.5.3 筛选栏

筛选栏是一个可向右滑动的按钮组, 单击按钮可以高亮显示, 其他按钮便处于非高亮状态。首先为按钮组定义一个文字数组变量, 因为内容固定不变, 所以使用静态的数组即可, 代码如下:

```
var filters = [
    "轿车", "敞篷车", "自动挡", '汽油车',
 ]
```

需要知道用户选择按钮的序号, 再配对一个序号的数组, 使用 map 函数实现, 代码如下:

```
var filterIndices = this.filters.map{(_, index) => index
```

用户选中的按钮，赋予一种状态变量，代码如下：

```
@State var selected: Int64 = 0
```

使用 List 组件配以 ForEach 循环渲染，即可创建一个可以滑动的按钮组，代码如下：

```
//第14章/listbtn.cj
List( space: 10 ) {                                  //横向的 List，间距 10

    //循环对数组进行渲染
    ForEach(this.filterIndices, {index =>            //提取当前索引以供使用

      ListItem() {                                   //List 单项容器

        Button() {

          Text(this.filters[index])                  //按钮文本
            .fontSize(15)
            .padding( left: 20, right: 20 )
            .fontWeight(FontWeight.Lighter)          //文本变细
            //当前选中项文字变色
            .fontColor(this.selected == index ? Color.White : '#7B819C')

        }
        //当前选中项背景变色
        .backgroundColor(this.selected == index ? '#00B9A5' : '#F4F5F7')
        .onClick( {() =>                             //单击

          this.selected = index                      //当前选中赋值

        })
        .margin( left: 10 )                          //左外边距

      }
    })
}
.listDirection(Axis.Horizontal)                      //方向，横轴
.width('100%')
.height(60)
.padding(10)
.margin(10)
```

14.5.4　车型列表区域

首先将一系列车型数据数组赋予 cars 变量，定义如下：

```
//第14章/cars.cj
var cars: Array<Car> = [
  {
    name: 'Model Y',
    company: '特斯拉',
    price: '1200',
    miles: '400',
    boot: '自动挡',
    tanks: '直流电机',
    fuel: '电动车',
    seats: '4',
    category: '轿车',
    fuelRating: 1,
    comfortRating: 3,
    safeRating: 5,
    img: '/pages/img/tesla.png'
  },

  {
    name: 'i8',
    company: '宝马',
    price: '2500',
    miles: '250',
    boot: '自动挡',
    tanks: '涡轮增压',
    fuel: '插电混合',
    seats: '2',
    category: '敞篷',
    fuelRating: 3,
    comfortRating: 5,
    safeRating: 4,
    img: '/pages/img/i8.png'
  },
  {
    name: '凯美瑞',
    company: '丰田',
    price: '215',
    miles: '205',
    boot: '自动挡',
```

```
        tanks: '自然吸气',
        fuel: '92 号汽油车',
        seats: '5',
        category: '轿车',
        fuelRating: 2,
        comfortRating: 3,
        safeRating: 4,
        img: '/pages/img/camry.png'
    },
    {
      name: '兰博基尼',
      company: '奥迪',
      price: '3000',
      miles: '205',
      boot: '自动挡',
      tanks: '自然吸气',
      fuel: '92 号汽油车',
      seats: '5',
      category: '敞篷车',
      fuelRating: 2,
      comfortRating: 3,
      safeRating: 4,
      img: '/pages/img/lanbo.webp'
    },
    {
      name: '布加迪威龙',
      company: '奥迪',
      price: '150000',
      miles: '250',
      boot: '自动挡',
      tanks: '自然吸气',
      fuel: '92 号汽油车',
      seats: '5',
      category: '敞篷车',
      fuelRating: 2,
      comfortRating: 3,
      safeRating: 4,
      img: '/pages/img/bujia.png'
    },

    {
      name: '索纳塔',
      company: '现代',
```

```
            price: '300',
            miles: '210',
            boot: '自动挡',
            tanks: '直列四缸',
            fuel: '汽油车',
            seats: '5',
            category: '轿车',
            fuelRating: 1,
            comfortRating: 2,
            safeRating: 5,
            img: '/pages/img/sonata.png'
        },
    ]
```

可选车型的卡片也可以视为一个 Column，内部结构也可以分为 3 个区域：车型栏、车型图片、租赁价格和预订按钮。因为可以上下拖动这些卡片，所以对车型数据使用 List 组件和 ForEach 循环渲染即可，代码如下：

```
//第14章/carlist.cj
List( space: 0 ) {

    ForEach(this.cars, {item =>

      ListItem {

        Column {

          Row {

            Text(item.name)
            .fontSize(25)
            .fontWeight(FontWeight.Bold)

            Blank()

            Text(item.company)
             .fontSize(17)
             .fontWeight(FontWeight.Lighter)
          }
          .padding(20)
          .width('100%')

          Image(item.img)
            .objectFit(ImageFit.Contain)
```

```
      .width(267)
      .height(113)

  Row {

    Text("￥ " + item.price + " ")
      .fontSize(20)
      .fontWeight(FontWeight.Bold)

    Text("/天")
    .fontSize(15)
    .fontWeight(FontWeight.Lighter)

    Blank()

    Button {
      Text('预订')
      .fontSize(20)
      .fontColor(Color.White)
    }
    .type(ButtonType.Normal)
    .borderRadius(30)
    .backgroundColor('#2D9067')
    .width(150)
    .height(50).onClick({()=>
      this.toDetail(item)
    })

  }
  .padding( left: 20 )
  .width('100%')
}

.width('90%')
.borderRadius(30)
.backgroundColor(Color.White)
.margin(20)
//阴影：圆角，自定义颜色，y轴位移为0
.shadow( radius: 15, color: '#cfcfcf', offsetY: 0 )
.onClick( {() =>  //单击

  this.toDetail(item)  //到详情页
```

```
            })

        }
    })
}
.listDirection(Axis.Vertical)
```

车型列表区域如图 14-15 所示。

14.5.5　组合

将以上各个子组件和数据组合起来，租车列表页如图 14-16 所示。

图 14-15　车型列表区域

图 14-16　租车列表页（选择自动挡）

14.6　车型详情页

用户单击预订相应的车型后，可转到车型的详情参数页。首先在 pages 目录下新建 detail.cj 源文件。

14.6.1 状态变量

因为车型详细数据来自上一个页面，从组件的状态来讲，并不是自身产生的状态，所以不能使用@State 来标记，这时需要使用@Prop，即组件的状态由父组件"传播"而来，而且不能更改，此外子组件一开始并不知道具体的信息，定义如下：

```
@Prop var car: Car
```

14.6.2 纯组件

因为车型图片有一个圆形背景做衬托，所以可以把整个页面放到一个 Stack 组件内。Stack 最下层放入圆形，并且往右上角做一定程度的偏移，代码如下：

```
Circle( width: 350, height: 350 )
    .fill('#BCEBC6') //填充
    .translate( x: 150, y: -20 ) //平移，x 轴向右移 150，y 轴向左移 20
```

最上层的结构组成：导航栏、标题文字、车型图片、规格区、专家点评区、预订栏。导航栏由一个返回按钮和一个分享按钮组成，中间有间隔，整体在一行之内，代码如下：

```
//第 14 章/nav3.cj
Row { //导航栏容器
    Image($r("app.media.back"))        //返回按钮
      .objectFit(ImageFit.Contain)
      .width(24)
      .height(24)
      .onClick( {() =>
        router.back()                  //单击后返回上一页
      })

    Blank()

    Image($r("app.media.transfer_black")) //流转图标
      .objectFit(ImageFit.Contain)
      .width(24)
      .height(24)
}
.padding( top: 20 )
.width('100%')
```

详情页导航栏如图 14-17 所示。

图 14-17　详情页导航栏

标题文字由上下排列的两个 Text 组成，代码如下：

```
//第14章/detailtext.cj
Column {
        Text(this.car.name) //车名
          .fontSize(35)
          .fontWeight(FontWeight.Bold) //粗体字

        Text(this.car.company) //公司名
          .fontSize(20)

    }
    .alignItems(HorizontalAlign.Start) //左对齐
    .width('100%')
    .margin( top: 40 )
```

详情页标题文字如图 14-18 所示。

车型图片是一张大图，代码如下：

```
Image(this.car.img)
        .objectFit(ImageFit.Contain)
        .width(382)
        .height(160)
```

详情页车型图片如图 14-19 所示。

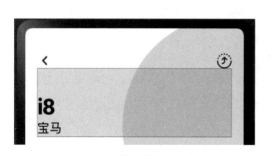

图 14-18　详情页标题文字

图 14-19　详情页车型图片

接下来的规格区看起来是一组网格，不过此处都是相对固定的参数描述，因此不需要使用 List 和 ForEach 循环进行渲染。首先是上部居中的标题，代码如下：

```
//第14章/titlerow.cj
Row() { //标题容器

    Text("规格")
      .fontWeight(FontWeight.Bold)
      .fontSize(20)
      .fontColor('#0D0D0D')

    Blank()

}
```

详情页规格区标题如图 14-20 所示。

图 14-20　详情页规格区标题

紧接的是 6 个网格，可以视为一行内的三列，每列各两部分内容，代码如下：

```
Row{
    Column {}
    Column {}
    Column {}
}
```

列可划分为一个子列，由图片和文字组成，中间用分割线组件 Divider 分割。以行驶里程为例，代码如下：

```
//第14章/itemcol.cj
Column {

        Image($r("app.media.miles")) //里程图标
          .objectFit(ImageFit.Contain)
          .width(30)
          .height(30)

        Divider() //分割线组件
          .width('20%')
          .margin(5)
          .color('#cfcfcf')
```

```
        Text(this.car.miles + " km/h")  //里程文字
          .fontSize(15)
          .fontWeight(FontWeight.Lighter)
          .fontColor('#0D0D0D')

}
```

第 1 个参数格行驶里程的预览如图 14-21 所示。

250 km/h

图 14-21　详情页规格区行驶里程格

挡位类型的代码如下：

```
//第14章/bootcol.cj
Column { //列容器

        Image($r("app.media.boot")) //图标
          .objectFit(ImageFit.Contain)
          .width(30)
          .height(30)

        Divider() //分割线
          .width('20%')
          .margin(5)
          .color('#cfcfcf')

        Text(this.car.boot) //文本
          .fontSize(15)
          .fontWeight(FontWeight.Lighter)
          .fontColor('#0D0D0D')

      }
```

详情页规格区挡位类型格如图 14-22 所示。

自动挡

图 14-22　详情页规格区挡位类型格

引擎类型的代码如下：

```
//第14章/tankscol.cj
Column() { //列容器

        Image($r("app.media.tanks")) //图标
          .objectFit(ImageFit.Contain)
          .width(30)
          .height(30)

        Divider() //分割线
          .width('20%')
          .margin(5)
          .color('#cfcfcf')

        Text(this.car.tanks) //文本
          .fontSize(15)
          .fontWeight(FontWeight.Lighter)
          .fontColor('#0D0D0D')

}
```

详情页规格区引擎类型格如图14-23所示。

涡轮增压

图14-23　详情页规格区引擎类型格

燃料类型的代码如下：

```
//第14章/fuelcol.cj
Column { //列容器

        Image($r("app.media.fuel")) //图标
          .objectFit(ImageFit.Contain)
          .width(30)
          .height(30)

        Divider() //分割线
          .width('20%')
          .margin(5)
          .color('#cfcfcf')
```

```
        Text(this.car.fuel) //文本
          .fontSize(15)
          .fontWeight(FontWeight.Lighter)
          .fontColor('#0D0D0D')
}
```

详情页规格区燃料类型格如图 14-24 所示。

插电混合

图 14-24　详情页规格区燃料类型格

乘坐人数的代码如下：

```
//第14章/seatcol.cj
Column { //列容器

        Image($r("app.media.seats")) //图标
          .objectFit(ImageFit.Contain)
          .width(30)
          .height(30)

        Divider() //分割线
          .width('20%')
          .margin(5)
          .color('#cfcfcf')

        Text(this.car.seats) //文本
          .fontSize(15)
          .fontWeight(FontWeight.Lighter)
          .fontColor('#0D0D0D')

}
```

详情页规格区乘坐人数格如图 14-25 所示。

2

图 14-25　详情页规格区乘坐人数格

敞篷类型的代码如下：

```
//第14章/catecol.cj
Column {  //列容器

        Image($r("app.media.category"))  //图标
          .objectFit(ImageFit.Contain)
          .width(30)
          .height(30)

        Divider()  //分割线
         .width('20%')
         .margin(5)
         .color('#cfcfcf')

        Text(this.car.category)  //文本
          .fontSize(15)
          .fontWeight(FontWeight.Lighter)
          .fontColor('#0D0D0D')

}
```

详情页规格区敞篷格如图 14-26 所示。

敞篷

图 14-26　详情页规格区敞篷格

专家点评区也使用类似的布局方法，以耗油量为例，需要注意的是评分数据与评分图片资源的对应，代码如下：

```
//第14章/cmtcol.cj
Row {  //行容器

        Text('耗油量')
          .fontSize(16)
          .fontWeight(FontWeight.Lighter)

        Blank()

        //根据评分来拼接评分数字的图片
        Image('/pages/img/rating' + this.car.fuelRating + '.png')
          .objectFit(ImageFit.Contain)
          .width(220)
```

```
            .height(11)

    }
        .width('100%')
```

详情页专家点评区耗油量如图 14-27 所示。

耗油量 ▬▬▬ ▬▬ ▬

图 14-27 详情页专家点评区耗油量

舒适性的代码如下：

```
//第14章/ratecol.cj
Row { //行容器

        Text('舒适性')
            .fontSize(16)
            .fontWeight(FontWeight.Lighter)

        Blank()

        //根据舒适分来拼接舒适性数字的图片
        Image('/pages/img/rating' + this.car.comfortRating + '.png')
            .objectFit(ImageFit.Contain)
            .width(220)
            .height(11)

    }
        .width('100%')
```

详情页专家点评区舒适性如图 14-28 所示。

舒适性 ▬▬▬ ▬▬ ▬▬▬ ▬▬▬

图 14-28 详情页专家点评区舒适性

安全性的代码如下：

```
//第14章/safecol.cj
Row { //行容器

        Text('安全性')
            .fontSize(16)
            .fontWeight(FontWeight.Lighter)

        Blank()
```

```
        //根据安全分来拼接安全性数字的图片
        Image('/pages/img/rating' + this.car.safeRating + '.png')
          .objectFit(ImageFit.Contain)
          .width(220)
          .height(11)


    }
        .width('100%')
```

详情页专家点评区安全性如图 14-29 所示。

图 14-29　详情页专家点评区安全性

最后是底部预订栏，由价格字段和预订按钮组成，在一行之内，代码如下：

```
//第14章/pricerow.cj
Row {  //行容器
        Text("￥ " + this.car.price + "  ") //价格文本
          .fontSize(30)
          .fontWeight(FontWeight.Bold)          //粗体字

        Text("/天")                              //价格单位文本
          .fontSize(16)
          .fontWeight(FontWeight.Lighter)       //细体字

        Blank()

        Button() {                               //按钮

          Text('预订')
            .fontSize(30)
            .fontColor(Color.White)             //白色字体
            .fontWeight(FontWeight.Bold)
            .margin({ right: 20, bottom: 25 }) //右下外边距

        }
        .margin( right: -45, bottom: -25 )    //右下外边距
        .type(ButtonType.Normal)                //默认按钮样式
        .borderRadius(32)                       //圆角
        .backgroundColor('#2D9067')             //背景色
        .width(200)
        .height(90)
```

```
    .onClick( {() =>          //单击
     AlertDialog.show(        //显示提示框
       message: '恭喜您预订' + this.car.name + '成功！'
     )
   })
 }
 .width('100%')
```

详情页预订栏如图 14-30 所示。

图 14-30　详情页预订栏

14.6.3　组合

将以上子组件组合起来，预览及单击预订的效果如图 14-31 所示。

图 14-31　详情页（预订成功）

仓颉 UI 案例：智能打蒜器

本章展示一个 HarmonyOS 和 OpenHarmony 软硬件结合的小应用：智能打蒜器。首页启动后的预览如图 15-1 所示。

首页搜索到信号后的预览如图 15-2 所示。

图 15-1　首页（搜索设备信号）

图 15-2　设备连接成功

打开开关后预览如图 15-3 所示。

关闭开关后预览如图 15-4 所示。

图 15-3　设备启动

图 15-4　设备关闭

15.1　资源导入

本案例为了简单起见，文字与颜色直接写在代码中，仅图片资源需要导入，将全部所需图片拖到资源文件夹的 media 子目录中，如图 15-5 所示。

图 15-5　资源文件夹中的图片（除既有的 icon.png 外）

15.2　首页结构

使用默认的 index.cj 入口页作为启动页，分析页面的结构，可以分为上下两层：功能层（文字提示区域、面板控制区域）、开关灯指示层。

15.3　功能层

功能层的文字提示区域和面板控制区域包含在一个列容器中。

15.3.1　状态变量

需要两种状态变量作为界面的状态辅助，即设备连接状态和开关状态，定义如下：

```
@State var connected: boolean = false//设备连接状态
@State var on: boolean = false //开关状态
```

15.3.2　面板控制区域

这一层由红色或蓝色的开关按钮及容纳按钮的矩形面板（上端中央弧形凸起）组成，代码如下：

```
//第15章/panelstack.cj
Stack { //面板容器

        Image($r("app.media.panel2")) //面板底图
          .height('100%')
          .width('100%')
          .objectFit(ImageFit.Contain)

        //已连接或未连接的图片
        Image(this.connected ?
        $r("app.media.switch_red") :
        $r("app.media.switch_blue"))
          .width(120)
          .objectFit(ImageFit.Contain)
          .aspectRatio(1) //保持图片长宽比
    }
    .height(180)
    .width('100%')
```

包含了开关的面板如图 15-6 所示。

图 15-6　包含了开关的面板

15.3.3　文字提示区域

这一层用于显示设备连接和运行状态，代码如下：

```
//第15章/text.cj
Text('智能打蒜器')
    .fontSize(50)
    .fontWeight(FontWeight.Lighter)
    .fontColor(Color.White)

Text(this.connected ? '已连接' : '搜索设备信号中...')
    .fontSize(20)
    .fontWeight(FontWeight.Lighter)
    .fontColor(Color.White)

Text(this.on ? '运行中' : '')  //运行提示文本
    .fontSize(20)
    .fontWeight(FontWeight.Lighter)
    .fontColor(Color.White)
```

文字提示区域如图 15-7 所示。

图 15-7　文字提示区域

15.4　开关灯指示层

使用一个悬挂的电灯开关来表示打蒜器的状态。这层只有一个 Image 组件，可以根据开关状态变量来切换属性，以及用户互动后开关状态的反转，代码如下：

```
//第15章/onoff.cj
```

```
//开或关的图标
Image(this.on ? $r("app.media.on") : $r("app.media.off"))
    .objectFit(ImageFit.Contain)
    .onClick( {() =>    //单击后状态反转
      this.on = !this.on
    })
```

仓颉 UI 案例：绝汁水果

本章展示一个类似电商 App 的小应用：绝汁水果，此应用专注于销售水果这个品类。启动预览如图 16-1 所示。

首页如图 16-2 所示。

图 16-1　启动页

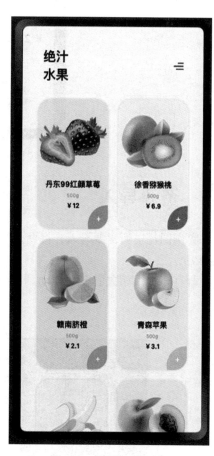

图 16-2　首页水果列表

水果详情页如图 16-3 所示。

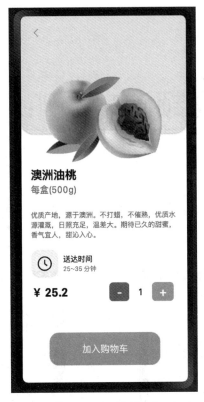

图 16-3　水果详情页

16.1　资源导入

本案例图片资源需要导入，将页面控制所需图片拖到资源文件夹的 media 子目录中，如图 16-4 所示。

将所有与水果相关的图片拖动到 pages 下的新建的 img 目录下，如图 16-5 所示。

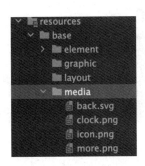

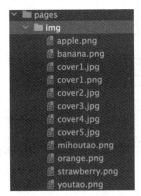

图 16-4　资源文件夹中的图片（除既有的 icon.png 外）　　图 16-5　pages/img 下的水果图片

16.2 启动页结构

使用默认的 index.cj 入口页作为启动页，分析页面的结构，可以将启动页分为从上到下排列的两部分，水果大图以横幅的形式展示组件和进入首页的按钮。

16.2.1 横幅数据

横幅数据包含水果促销文字和图片名称，代码如下：

```
//第16章/tips.cj
var tips = [
  {
    title: '智利远来，好车厘子',
    img: '/pages/img/cover1.jpg'
  },
  {
    title: '年货草莓，丹东直送',
    img: '/pages/img/cover2.jpg'
  },
  {
    title: '厄瓜多尔，夏蕉风情',
    img: '/pages/img/cover3.jpg'
  },
  {
    title: '乐东哈密，新疆品种',
    img: '/pages/img/cover4.jpg'
  },
  {
    title: '彩云之南，生命之果',
    img: '/pages/img/cover5.jpg'
  },
  ]
```

16.2.2 横幅组件

使用 Swiper 组件和 ForEach 循环渲染，单个横幅项目使用 Stack 来层叠两部分，图片为底，文字在其上。整个 Swiper 为自动播放，间隔 2400ms，并带上原点序号指示器，代码如下：

```
//第16章/swiper.cj
Swiper { //滑动组件
      //对横幅数据进行循环渲染
      ForEach(this.tips, {item =>
        //堆叠容器，底部对齐
```

```
Stack(alignContent: Alignment.Bottom ) {

  Image(item.img)    //图片
    .objectFit(ImageFit.Cover)

  Text(item.title)  //文字
    .fontSize(20)
    .fontColor('#748700')
    .fontWeight(FontWeight.Bold)
    .margin( bottom: 40 )  //底外边距

  }
  .height('80%')
  .width('100%')
 })
}
.index(1)
.autoPlay(true)      //自动播放
.interval(2400)      //间隔 2400ms
.indicator(true)     //显示页面指示器
.duration(800)       //每页播放时长 800ms
```

启动页横幅组件如图 16-6 所示。

图 16-6　启动页横幅组件

16.2.3　进入按钮

在横幅之下有一个进入首页的按钮，有一个上半部分圆角的修饰效果，不过系统 Button 组件并不支持单独的圆角，只支持全部圆角，所以这里可以进行变通，那就是将整体按钮下移 80（translate 属性），以便让下半部分的圆角隐藏，同时把文字提升 40（顶边距），从而达到修饰效果，代码如下：

```
//第16章/button.cj
Button() {                          //进入按钮

    Text('马上品尝')
      .fontColor(Color.White)
      .fontSize(25)
      .margin( top: -40 )           //文字提升，顶边距

}
.onClick( {() =>                    //单击
  router.push(                      //跳转到首页
    uri: 'pages/home'
  )
})
.type(ButtonType.Normal)            //默认按钮样式
.borderRadius(40)                   //圆角
.width(240)
.height(162)
.backgroundColor('#F79502')         //橙色背景
.translate( y: 80 )                 //垂直平移
```

启动页的进入按钮如图 16-7 所示。

图 16-7　启动页的进入按钮

16.2.4　组合

将以上各个子组件和数据组合起来，预览如图 16-8 所示。

图 16-8　启动页预览效果（图片自动滑至最后一项）

16.3　首页

首页的结构并不复杂，包括一个标题栏和水果列表区域。要创建首页，依照惯例，在 pages 目录下新建源码文件 home.cj。

16.3.1　状态变量

首页只有水果数据这一种状态变量，不过这里因为并没有通过网络进行查询和更改，所以并没有修饰为 State 变量，代码如下：

```
//第 16 章/fruits.cj
var fruits = [
    {
        title: '丹东 99 红颜草莓',
        img: '/pages/img/strawberry.png',
        price: '12',
        color: '#FEE4E4',
        subColor: '#F79502',
        desc: '北纬 40° 的草莓生长黄金地带。昼夜温差保证了糖分的沉淀，充足的阳光，草莓的
口感更香甜更好吃。',
```

```
        },

        {
          title: '徐香猕猴桃',
          img: '/pages/img/mihoutao.png',
          price: '6.9',
          color: '#FAF9B3',
          subColor: '#748700',
          desc: '猕猴桃中的贵族,来自陕西周志——中国猕猴桃之乡。皮薄籽少、果肉饱满,一口下
去满满的幸福感。',
        },

        {
          title: '赣南脐橙',
          img: '/pages/img/orange.png',
          price: '2.1',
          color: '#FFE2A1',
          subColor: '#FC992D',
          desc: "来自赣南·天生高贵。得天独厚的自然条件,孜孜不倦的悉心培育,造就了这一抹太
阳的颜色",
        },

        {
          title: '青森苹果',
          img: '/pages/img/apple.png',
          price: '3.1',
          color: '#F3F1CF',
          subColor: '#C0D92E',
          desc: '世界一流的青森苹果。青森气候赋予苹果明亮鲜艳色泽,味道甘甜、口感清脆、外观
又漂亮而声名远播。',
        },

        {
          title: '厄瓜多尔香蕉',
          img: '/pages/img/banana.png',
          price: '1.9',
          color: '#FFF5CE',
          subColor: '#FEAAAA',
          desc: '蕉香浓郁,美味如初恋,来自香蕉之国——厄瓜多尔。地处赤道,雨量丰沛,土壤肥
沃,生长出的香蕉充满阳光的香甜。',
        },

        {
```

```
        title: '澳洲油桃',
        img: '/pages/img/youtao.png',
        price: '25.2',
        color: '#FEEBE2',
        subColor: '#F38C5E',
        desc: '优质产地，源于澳洲。不打蜡，不催熟，优质水源灌溉，日照充足，温差大。期待已
久的甜蜜，香气宜人，甜沁入心。',
    },

    ]
```

16.3.2　标题栏

标题栏由 Text 和 Image 组合在一个 Row 里组成，代码如下：

```
//第16章/title.cj
Row { //行容器

    Text('绝汁\n 水果')
      .fontSize(25)
      .fontWeight(FontWeight.Bold) //粗字体

    Blank()

    Image($r("app.media.more")) //图标
      .objectFit(ImageFit.Contain)
      .height(32)
      .width(20)

}
.width('100%')
.padding(20)
```

加载指示器效果如图 16-9 所示。

图 16-9　加载指示器效果

16.3.3　水果卡片

水果列表由单个的水果卡片渲染而来，而卡片通常可以使用 Column 布局。为实现卡片的圆角和阴影，可以在卡片外再套一层 Column，代码如下：

```
//第16章/card.cj
Column{                //卡片外层容器，为了显示出阴影

    Column {           //卡片容器
    }

}
.clip(true)            //如有阴影，则可切出
.borderRadius(25)      //圆角
.shadow( radius: 10, color: '#efdfdf' )//阴影
```

再加上用户单击到详情页的互动：

```
//第16章/cardclick.cj
.onClick( {() =>               //单击
        router.push(           //跳转
          uri: 'pages/detail',  //详情页
          params: {             //参数
            fruit: item   //单个水果的商品信息
          }
        )
})
```

右下角的加号（添加到购物车按钮）是单独的一个 Row，内含一个圆形和 Text 组件，因为"+"文字需要在圆形的偏上位置，所以应加上 translate 偏移，代码如下：

```
//第16章/plusbtn.cj
Row(){ //行容器

            Blank()

            Circle(width:75,height:75)//圆形
              .fill(item.subColor)      //填充为水果商品信息中定义的颜色
              .translate(x: 55,y: -10) //平移，视觉效果到卡片右下

            Text("+")   //显示"+"号
              .fontSize(17)
              .fontColor(Color.White)  //白色背景
              .translate(x: -3,y: -23) //平移，视觉效果到圆形左上

}
```

```
.width('100%')
```

加号叶片状按钮如图 16-10 所示。

图 16-10　加号叶片状按钮

单击水果卡片，水果图片到详情页有一个无缝转场，加上一个 sharedTransition 属性，代码如下：

```
//第16章/cardtransition.cj
Image(item.img) //水果图片

         //共享转场效果，视觉极度减速效果，延时100ms
         .sharedTransition(item.title,
                 curve: Curve.ExtremeDeceleration, delay: 100)
         .objectFit(ImageFit.Contain)
         .height(103)
         .width(135)
         .margin( top: 20, bottom: 20 )
```

补充水果卡片内含的品名、质量、价格，代码如下：

```
//第16章/fdesc.cj
        Text(item.title) //水果品名
          .fontSize(15)
          .fontWeight(FontWeight.Bold)

        Text('500g') //质量
          .fontSize(10)
          .fontColor('#8792A4')
          .margin( top: 5, bottom: 5 )

        Text("￥" + item.price) //价格
          .fontSize(13)
          .fontWeight(FontWeight.Bold)
```

对于水平卡片的 2 乘以 2 的网格，依然采用 Grid 和 ForEach 循环渲染，网格容器结构的代码如下：

```
//第16章/cardgrid.cj
Grid { //水平卡片网格
```

```
    //对
    ForEach(this.fruits, {(item) =>

      GridItem {//单个网格单元
        Column{ //卡片容器
          //卡片组件结构
        }
      }
    })
}
.columnsTemplate('1fr 1fr') //网格分为两列
.width('100%')
.height('88%')
```

水果卡片网格预览如图 16-11 所示。

图 16-11　水果卡片

16.3.4　组合

把标题栏和水果卡片组合在一起，首页预览如图 16-12 所示。

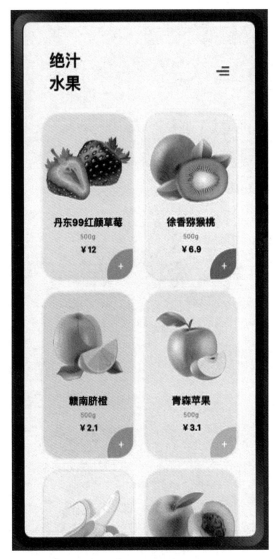

图 16-12　首页水果列表

16.4　详情页

用户单击卡片后，跳转到详情页给予用户足够醒目的水果信息及选购数量和加入购物车功能。首先在 pages 目录下新建 detail.cj 源文件。

16.4.1 状态变量

先定义水果信息类，代码如下：

```
//第16章/classf.cj
class Fruit {
  var title: string       //品名
  var img: string         //图片
  var price: string       //价格
  var color: string       //主色调
  var subColor: string    //次色调
  var desc: string        //描述
}
```

详情页需要加入购物车的水果数量及水果信息两种状态变量，定义如下：

```
var fruit: Fruit            //水果信息
@State var quantity: Int64 = 1 //数目
```

16.4.2 添加至购物车函数

加入购物车功能及增加和减少水果数量功能，代码如下：

```
//第16章/addtocart.cj
func inc(){                     //加入购物车函数
  this.counter(true)
}

func dec(){                     //减少数量函数
  if (this.quantity - 1 < 1){   //如果数目小于1
    return                      //则返回
  }
  this.counter(false)           //数目减少
}

func counter(action: boolean){//购物车数目算法
  if (action) {                 //根据加入或减少数目的动作来决定
    this.quantity += 1          //增加1个
  } else {
    this.quantity -= 1          //减少1个
  }
}
```

16.4.3 页面结构

分析详情页结构，由从上至下的元素依次装入 Column 构成。这三部分依次是水果卡片区域、水果描述区域、添加到购物车按钮。

水果卡片区域由一个背景色圆角卡片、单击后返回上一页的按钮、水果大图 3 部分组成，其中水果大图对于卡片本身有一定的下移，可以使用 y 轴的 translate 实现，代码如下：

```
//第16章/detailcol.cj
Column { //详情容器

    Column {

        Blank()

        Row{

          Image($r("app.media.back"))
            .objectFit(ImageFit.Contain)
            .height(30).width(30)
            .onClick({ ()=>
              router.back()
            })

          Blank()

        }
        .padding(left:20, top:40)
        .width('100%')

        Image(this.fruit.img)          //水果图片
          .sharedTransition(this.fruit.title) //共享过渡动画
          .objectFit(ImageFit.Contain)
          .height(200)
          .width(252)
          .translate( y: 70 )          //平移，向下
    }
    .borderRadius(27)
    .margin({ top: -50 })              //顶部边距：下沉效果
    .backgroundColor('#FEE4E4')        //背景色
    .width('100%')
    .height(300)
    .shadow( radius: 10, color: '#cfcfcf', offsetY: 5 )//阴影
```

水果卡片区域如图 16-13 所示。

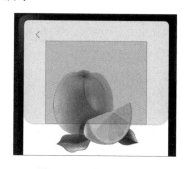

图 16-13　水果卡片区域

水果描述区域也由 3 部分组成：文字描述、送达时间栏、价格和数量栏。文字描述的代码如下：

```
//第16章/detaildesc.cj
Text(this.fruit.title)          //水果名
    .fontSize(25)
    .fontWeight(FontWeight.Bold) //粗体字

    Text("每盒(500g)")
    .fontSize(20)
    .opacity(0.5)               //透明度：半透明

    Text(this.fruit.desc)       //水果描述
    .fontSize(15)
    .opacity(0.5)               //透明度：半透明
    .margin( top: 30, bottom: 20 )
```

文字描述如图 16-14 所示。

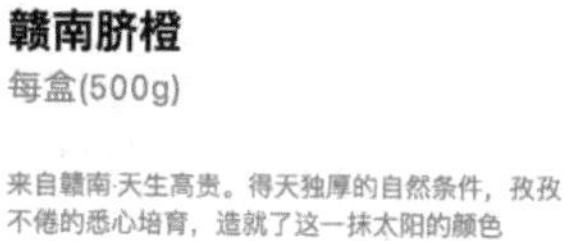

赣南脐橙

每盒(500g)

来自赣南 天生高贵。得天独厚的自然条件，孜孜
不倦的悉心培育，造就了这一抹太阳的颜色

图 16-14　文字描述

送达时间栏的代码如下：

```
//第16章/delivercol.cj
Row { //行容器

    Image($r("app.media.clock")) //图标
      .objectFit(ImageFit.Contain)
      .height(60)
```

```
    .width(60)

Column {

  Text("送达时间")
    .fontSize(16)

  Text("25~35 分钟")
    .fontSize(14)
    .opacity(0.5)  //透明度：半透明

}
  .padding(10)
  .alignItems(HorizontalAlign.Start)  //左对齐
}
.width('100%')
```

送达时间如图 16-15 所示。

图 16-15　送达时间

价格和数量栏的代码如下：

```
//第16章/quancol.cj
Row {  //行容器

    Text("￥ " + this.fruit.price)   //价格
      .fontSize(25)
      .fontWeight(FontWeight.Bold)   //粗字体

    Blank()

    Row {

    Button("-")                      //购物车数量减 1 按钮
      .type(ButtonType.Normal)       //默认按钮样式
      .fontSize(25)
      .borderRadius(8)               //圆角
      .backgroundColor("#748700")    //背景色
      .onClick(()=>{                 //单击
        this.dec()                   //购物车数量减 1
      })
```

```
                     .enabled(this.quantity > 1)        //购物车数量大于1才可用

              Blank()

              Text(this.quantity.toString())            //购物车数量
                .fontSize(20)

              Blank()

              Button("+")                               //购物车数量加1按钮
                .type(ButtonType.Normal)                //默认按钮样式
                .fontSize(25)
                .borderRadius(8)                        //圆角
                .backgroundColor("#F79502")             //背景色
                .onClick({()=>                          //单击
                   this.inc()                           //购物车数量加1
                })

        }
        .padding(10)
        .width('50%')

    }
  .width('100%')
```

价格和数量如图 16-16 所示。

图 16-16　价格和数量

最后是购物车按钮，代码如下：

```
//第 16 章/cartbtn.cj
Button() { //购物车按钮
    Text('加入购物车')
       .fontColor(Color.White)
       .fontSize(20)
    }
    .onClick( {() => //单击显示提示并且跳转到首页
      AlertDialog.show(
        message: '成功加入购物车！',
        cancel: {() =>
          router.push(
            uri: 'pages/home'
```

```
        )
      }
    )
})
.type(ButtonType.Normal)      //默认按钮样式
.borderRadius(20)             //圆角
.width(240)
.height(70)
.backgroundColor('#F79502')   //橙色主题背景
```

"加入购物车"按钮如图 16-17 所示。

图 16-17 "加入购物车"按钮

16.4.4 组合

把所有的组件组合起来，即组成了详情页，预览如图 16-18 所示。

图 16-18 详情页（添加至购物车）

仓颉 UI 案例：畅游

本章展示一个类似旅游 App 的小应用：畅游。启动页预览如图 17-1 所示。

图 17-1　启动页（汽车有颠簸动效）

首页预览如图 17-2 所示。

详情页如图 17-3 所示。

图 17-2　首页

图 17-3　详情页

17.1　资源导入

本案例为了简单起见，文字与颜色直接写在代码中，仅图片资源需要导入，将界面所需图片拖到资源文件夹的 media 子目录中，如图 17-4 所示。

将景点图片拖到 pages 下的新建的 img 目录下，如图 17-5 所示。

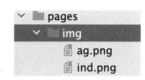

图 17-4　资源文件夹中的图片（除既有的 icon.png 外）　　图 17-5　pages/img 目录中的图片

17.2　启动页结构

使用默认的 index.cj 入口页作为启动页，分析页面的结构，可以将启动页分为 3 层，即背景层、文字层、动效层。

17.2.1　背景层

由一个黄色的沙漠作为启动页的背景图，覆盖整个页面，代码如下：

```
Column {//背景图
    Image($r("app.media.cover")).objectFit(ImageFit.Fill)
}
.width('100%')
.height('100%')
```

启动页背景层如图 17-6 所示。

图 17-6　启动页背景层

17.2.2　文字层

文字层又分为 3 部分，从上到下分别是：App 名称和副标题、公路图片区域、进入首页按钮，代码如下：

```
//第17章/text1.cj
Text('畅游')
    .fontSize(50)
    .fontWeight(FontWeight.Lighter)
    .margin(top:60,bottom:20)

Text('莫笑农家腊酒浑，丰年留客足鸡豚\n 山重水复疑无路，柳暗花明又一村')
    .fontSize(20)
    .fontColor('#092C4C')
    .fontWeight(FontWeight.Lighter)
```

启动页文字如图 17-7 所示。

畅游

莫笑农家腊酒浑，丰年留客足鸡豚
山重水复疑无路，柳暗花明又一村

图 17-7　启动页文字

位于 Column 中下方的公路图片比较特殊，因为要使车辆显得向前运动，公路上的路标相对地要朝着相反的方向不停地匀速循环运动，所以这里需要添加一种状态变量，也就是水平方向 x 轴上的位移，代码如下：

```
@State var offsetX: Int64 = 0 //x轴位移
```

公路的 Image 图片，代码如下：

```
Image($r("app.media.road")) //公路图片
        .objectFit(ImageFit.Fill)
        .height(98)
        .width(500)
```

启动页公路图片如图 17-8 所示。

图 17-8　启动页公路图片

在 Image 组件开始显示时，加上向左的位移 80，代码如下：

```
.onAppear( {() =>
    this.offsetX -= 80//x轴左移
})
```

启动页公路图片，如图 17-9 所示。

图 17-9　启动页公路图片

如此一来，公路便看起来有了向左移动的效果，不过这个变化是瞬时的，为了让变化对用户可见，还需要对这种变化加上定制的动画，并且是无限循环的，代码如下：

```
.animation(
        duration: 800,           //时长800ms
        curve: Curve.Linear,     //线性动画，即匀速运动
        iterations: -1           //无限循环
    )
```

另外一个要点是，当每次动画完成时，需要把位移进行复原，这样看起来公路上的路标就像是无缝地一直向左匀速运动，代码如下：

```
//如果位移超过限定值，则复原为0
.translate(x: this.offsetX < -500 ? 0 : this.offsetX)
```

按钮比较简单，单击后可以跳转到首页：

```
//第17章/tohomebtn.cj
Button('说走就走')
        .fontSize(20)
        .height(55)
        .width(300)
        .type(ButtonType.Normal)    //正常按钮样式
        .borderRadius(15)           //圆角
        .backgroundColor('#00B9A5')//背景色
        .margin(top:20,bottom:40)
        .onClick( {() =>            //单击后跳转
          router.push(
            uri: 'pages/home'       //到首页
          )
        })
```

进入首页的按钮如图17-10所示。

图17-10 进入首页的按钮

17.2.3 动效层

汽车在公路上颠簸的效果，与公路路标的向左移动有些类似，首先加入垂直方向 y 轴的位移状态变量，代码如下：

```
@State var offsetY: Int64 = 0       //y轴位移
```

汽车图片布局，代码如下：

```
Image($r("app.media.car"))         //图片
        .objectFit(ImageFit.Contain)
        .height(177)
        .margin(top:100)           //顶边距
```

在显示时加上少量的位移，代码如下：

```
.onAppear({() =>
        this.offsetY -= 3         //y轴向左移动
        })
```

再配上无限循环的节奏曲线动画，每次时长 1s，代码如下：

```
.animation(
        duration: 1000,           //时长1000ms
        curve: Curve.Rhythm,      //节奏曲线动画，产生垂直跃动效果
        iterations: -1
        )
```

平移结束后复原，代码如下：

```
.translate(y: this.offsetY)
```

为了让汽车显示在公路上，将其整体包装在 Column 内，并限定高度，代码如下：

```
//第17章/carcol.cj
Column { //汽车容器
        Blank()
        Image($r("app.media.car"))
          .objectFit(ImageFit.Contain)
          .height(177)
          .margin(top:100)
          .translate(y: this.offsetY)
          .animation(
            duration: 1000,
            curve: Curve.Rhythm,
            iterations: -1
          )
          .onAppear({() =>
            this.offsetY -= 3
          })

    }
    .width('100%')
    .height('60%')  //高度限定，占容器的60%
```

汽车在公路上的预览如图 17-11 所示。

图 17-11　汽车在公路上

17.2.4　组合

将以上 3 个层依次并入 Stack 组件组合，启动页如图 17-12 所示。

图 17-12　启动页

17.3　首页

用户从启动页进入后，可以从地图定位或者手工搜索旅游目的地进行选择，以及可以根据系统推荐的标签对旅游产品进行筛选。首页结构分为导航栏、文字栏、筛选栏、旅游卡片列表、选项卡。在 pages 目录下新建首页对应的源文件 home.cj。

17.3.1　旅游产品数据

这里使用两项旅游产品数据作为演示之用，代码如下：

```
//第17章/places.cj
var places: Place[] = [
    {
      country: '阿根廷',
      theme: '极地探雪之旅',
      img: '/pages/img/ag.png',
      rating: '4.5',
      price: '59998',
      desc: '从阿根廷的距离南极大陆最近的城市乌斯怀亚出发，尽赏极地银色风光',
      duration: '20',
      limit: '20',
    },

    {
      country: '印度尼西亚',
      theme: '探索原始森林',
      img: '/pages/img/ind.png',
      rating: '4.8',
      price: '998',
      desc: '印度尼西亚是森林探索爱好游客们最喜欢的地点之一',
      duration: '14',
      limit: '12',
    },
  ]
```

其中 Place 旅游地的类模型，定义如下：

```
//第17章/classplace.cj
class Place {
  var country: string     //地区
  var theme: string       //主题
  var img: string         //图片
  var rating: string      //评分
  var price: string       //价格
```

```
    var desc: string          //描述
    var duration: string      //时长
    var limit: string         //限定人数
}
```

热门标签数据和对应的索引数组，代码如下：

```
var filters: string[] = [
    "全部","最热门去处","推荐好去处"
    ]
//标签索引数组由标签数据 map 变换而来
var filterIndices : Int64[] = this.filters.map{(_, index) => index}
```

17.3.2 状态变量

需要知道用户最终选择查看哪一款旅游产品，定义如下：

```
@State var selected: Int64 = 0 //选中的产品索引
```

17.3.3 导航栏

导航栏包含菜单图标、定位图片、定位地、搜索图标，代码如下：

```
//第 17 章/homenav.cj
Row {

        Image($r("app.media.hamburg"))     //菜单图标
          .objectFit(ImageFit.Contain)
          .width(49)
          .height(49)


        Blank()

        Image($r("app.media.Location"))   //定位图片
          .objectFit(ImageFit.Contain)
          .width(17)
          .height(17)

        Text('中国，上海').fontSize(15)     //定位地，这里使用静态数据

        Blank()

        Image($r("app.media.search"))      //搜索图标
          .objectFit(ImageFit.Contain)
```

```
        .width(49)
        .height(49)
    }
    .width('100%')
    .padding(20)
```

首页导航栏如图 17-13 所示。

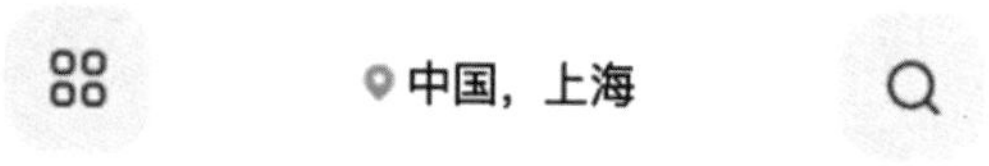

图 17-13　首页导航栏

17.3.4　文字栏

这一栏用于引导用户选择下方的卡片，代码如下：

```
//第17章/hometext.cj
Column { //列容器

    Text('Hi，波波')
      .fontSize(20)
      .fontColor('#1E3354')

    Text('你想去哪儿玩？')
      .fontSize(30)
      .fontWeight(FontWeight.Bold) //粗字体
      .fontColor('#1E3354')
}
.alignItems(HorizontalAlign.Start) //左对齐
.width('100%')
.padding(20)
```

首页文字栏如图 17-14 所示。

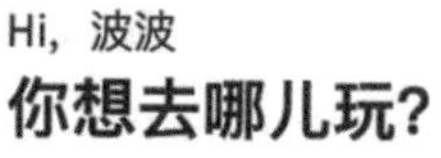

图 17-14　首页文字栏

17.3.5　筛选栏

用于用户对众多的旅游产品进行筛选，按照筛选标签的数据，使用横向的 List 和 ForEach 循环渲染，代码如下：

```
//第17章/filterList.cj
List(space:10){ //筛选List容器, 间距10
        //循环对筛选索引进行渲染
    ForEach(this.filterIndices, {index =>

        ListItem{ //单个列表项

            Button //按钮
            {
             Text(this.filters[index])  //筛选按钮文本
                .fontSize(17)
                .padding(left:20,right:20)
                .fontWeight(FontWeight.Lighter) //细体字
                //如果选中, 则字体切换为主题色; 如果未选中, 则字体为白色
                .fontColor(this.selected == index ? Color.White : '#7B819C')
            }
                //如果选中, 则背景切换为主题色; 如果未选中, 则背景近似为银灰色
            .backgroundColor(this.selected == index ? '#00B9A5' : '#F4F5F7')
            .height(50)
            .onClick({() => //单击
              this.selected = index    //如果被选中, 则切换为当前索引
            })

          }
      })
  }
  .listDirection(Axis.Horizontal) //列表滚动方向: 水平
  .width('100%')
  .height(90)
  .padding(20)
```

首页筛选栏如图17-15所示。

图 17-15　首页筛选栏

17.3.6　旅游卡片列表

因为旅游数据通常有很多条, 不仅需要循环渲染, 而且每条数据被单击后都可以与用户互动, 并可左右拖动, 类似筛选栏, 可使用一个横向的 List 和 ForEach 循环渲染, 代码如下:

```
//第17章/cardList.cj
```

```
List(space:10){                                   //旅游卡片列表，间距10
    //循环渲染旅游数据
    ForEach(this.places, {item =>

        ListItem{                                 //单个列表项

            Stack{                                //卡片堆叠容器

                Column{                           //列容器，用于背景图片

                    Image(item.img)               //旅游地大图片
                        .objectFit(ImageFit.Fill)
                        .borderRadius(40)         //圆角

                }
                .width('100%').height('100%')     //完全匹配卡片尺寸

                Column{                           //列容器，用于显示两列文字

                    Blank()                       //距离卡片顶端有大间距

                    Text(item.theme).fontSize(20) //旅游产品名，较大字体大小为20

                    Text(item.country).fontSize(15)//旅游地，较小字体大小为15
                }
                .padding(20)
                .alignItems(HorizontalAlign.Start) //左对齐
                .width('100%')
                .height('100%')

                Column{ //列容器，用于显示收藏图标

                    Image($r("app.media.fav"))    //收藏图标
                        .objectFit(ImageFit.Fill)
                        .width(48)
                        .height(48)

                }.alignItems(HorizontalAlign.End)   //右对齐
                .padding(20) //图标内边距
                .width('100%')
                .height('100%')

            }
```

```
    .width(256)                         //卡片宽度
       .height(392)                     //卡片高度
       .onClick({()=>                   //单击卡片
          router.push(
            uri: 'pages/detail',        //跳转到详情页
            params:
              place: item               //参数为单个旅游项目数据

          )
       })

    }
  })
}
.listDirection(Axis.Horizontal)         //列表滑动方向：水平
.width('100%')
.height(400)                            //将高度限制为400
.padding(left:20)                       //左内边距
```

首页旅游卡片列表如图 17-16 所示。

图 17-16　首页旅游卡片列表

17.3.7　选项卡

选项卡在本案例中用于演示，直接使用图片，代码如下：

```
Image($r("app.media.tabbar"))          //选项卡图片
      .objectFit(ImageFit.Contain)
      .width(263).height(36)
      .margin(bottom:30)                //底边距
```

首页底部选项卡如图 17-17 所示。

图 17-17　首页底部选项卡

17.3.8　组合

将以上各个子组件和数据组合起来，首页如图 17-18 所示。

图 17-18　首页（可选中标签和拖动卡片）

17.4 详情页

用户选择一张旅游卡片后，应该为用户提供该产品的详细信息。详情页可分为背景层、导航栏、品名和价格区、预订区。首先在 pages 目录下新建 detail.cj 源文件。

17.4.1 状态变量

因为卡片的信息来自上一个页面，对组件来讲并不是自身状态，即组件的状态来自父组件且不能更改，所以改用@Prop 标记，定义代码如下：

```
@Prop var place: Place    //旅游地信息
```

17.4.2 背景层

背景层由旅游产品地点的风格化图片铺满整个页面构成，代码如下：

```
Column { //列容器，旅游地大图
    Image(this.place.img).objectFit(ImageFit.Cover)
}
.width('100%').height('100%')
```

17.4.3 导航栏

导航栏可以返回上一页，还可将页面分享给其他人，代码如下：

```
//第 17 章/detailnav.cj
Row{ //行容器
        Image($r("app.media.back"))      //返回图标
          .width(48)
          .height(48)
          .onClick({()=>                 //单击后返回上一页
            router.back()
          })

        Blank()

        Image($r("app.media.share"))     //分享图标
          .width(48)
          .height(48)
          .onClick({()=>                 //单击后显示提示框
            AlertDialog.show(
              message: '分享给好友吧！'
            )
```

```
        })
    }
    .width('100%')
    .padding(left:20,right:20,top:40)   //左、上、右设置边距
```

详情页导航栏如图 17-19 所示。

图 17-19　详情页导航栏

17.4.4　品名和价格区

此区域由旅游产品的名称、评分和单价组成。整体有圆角，用白色背景与旅游背景图区
分开来，代码如下：

```
//第17章/detailname.cj
Row{                                    //行容器
        Column{  //列容器
          Text(this.place.theme)        //旅游名称
          .fontSize(22)
          .fontWeight(FontWeight.Bold)  //粗字体

          Row{
            Image($r("app.media.star"))   //星级图标
              .height(14)
              .width(14)
            Text(this.place.rating)       //评分
            .fontSize(15)
            .fontColor('#BBBECF')
            .padding(left:5,right:5)

            Text('评分')
            .fontSize(15)
            .fontColor('#BBBECF')
          }
          .width('60%')
        }
        .alignItems(HorizontalAlign.Start) //左对齐

        Blank()
```

```
Column {          //列容器，显示为一条有颜色的竖线
}
  .backgroundColor('#E8E8E8')
  .width(1)       //宽度为 1，即一条线
  .height(50)

Blank()

Column{

  Row{

    Text('￥')
    .fontSize(22)

    Text(this.place.price)
    .fontSize(22)

  }

  Text('每位')
  .fontSize(13)
  .fontColor('#BBBECF')

  }.alignItems(HorizontalAlign.End)

}
.width('90%')
.borderRadius(20)                              //圆角
.padding(left:20,right:20,top:30,bottom:30)    //内边距，左右各为 20，
                                               //上下各为 30
.backgroundColor(Color.White)                  //白色背景
.margin(bottom:15)                             //外边距（底边）
```

详情页品牌和价格区如图 17-20 所示。

图 17-20　详情页品牌和价格区

17.4.5　预订区

位于页面最下方，可以看到该旅游产品的详细介绍，包含地点特色、旅游计划、预订按钮，其中的特色描述，代码如下：

```
//第17章/detailabout.cj
Text('关于此地')
            .fontSize(18)

        Text(this.place.desc) //旅游地描述
            .fontSize(14)
            .fontColor('#BBBECF')
            .margin(top:10,bottom:10) //外边距（顶部、底部）
```

详情页特色描述如图17-21所示。

关于此地

印度尼西亚是森林探索爱好游客们最喜欢的地点之一

图 17-21　详情页特色描述

旅游计划标题，代码如下：

```
//第17章/detailplan.cj
Row{ //行容器

    Row{ //行容器

      Image($r("app.media.duration")) //时长图标
        .height(14)
        .width(14)
        .objectFit(ImageFit.Contain)

      Text('时长') //文本
      .fontSize(15)
      .fontColor('#BBBECF')
      .padding(left:5)

    }

    Blank()

    Row{//行容器
```

```
        Image($r("app.media.limit"))   //人数上限图标
          .objectFit(ImageFit.Contain)
          .height(14)
          .width(14)

        Text('上限')
        .fontSize(15)
        .fontColor('#BBBECF')
        .padding(left:5)

      }

      Blank()

      Row{  //行容器

        Image($r("app.media.country")) //所在地区图标
          .objectFit(ImageFit.Contain)
          .height(14)
          .width(14)

        Text('地点')
        .fontSize(15)
        .fontColor('#BBBECF')
        .padding(left:5)

      }
    }
  .width('100%')
```

详情页旅游计划标题，如图 17-22 所示。

图 17-22   详情页旅游计划标题

旅游计划数据，代码如下：

```
//第 17 章/detailplandata.cj
Row{  //行容器

        Row{   //行容器

        Text(this.place.duration)  //时长文本
```

```
    .fontSize(16)

    Text('天')    //单位
    .fontSize(16)
    .padding(left:5)

}

Blank()

Row{

    Text(this.place.limit)  //人数上限
    .fontSize(16)

    Text('人')  //单位
    .fontSize(16)
    .padding(left:5)

}

Blank()

Row{  //行容器

    Text(this.place.country)  //所在地区文本
    .fontSize(16)

    }
}
.width('100%')
.padding(left:10)
```

详情页旅游计划数据如图 17-23 所示。

14 天	12 人	印度尼西亚

图 17-23   详情页旅游计划数据

预订按钮左侧包含一个收藏按钮，可提示收藏成功，预订后提示预订成功，代码如下：

```
//第17章/fav.cj
Row{  //行容器
        Image($r("app.media.faved"))  //收藏图标
        .width(48)
```

```
          .height(48)
          .onClick({()=>              //单击后显示提示框
            AlertDialog.show(
              message: '收藏成功!'
            )
          })


        Blank()


        Button('预订')
          .type(ButtonType.Normal)    //默认按钮样式
          .borderRadius(15)           //圆角
          .height(48)
          .width(210)
          .backgroundColor('#00B9A5') //主题背景色
          .onClick({()=>              //单击后
            router.back()             //返回上一页
            prompt.showToast(         //显示提示条
              message: '恭喜你预订成功'
            )
          })
      }.width('100%')
      .margin(top:20)


    }
    .alignItems(HorizontalAlign.Start) //左对齐
    .width('90%')
    .borderRadius(20)                   //圆角
    .padding(left:20,right:20,top:30,bottom:30) //内边距：左右各为 20，
                                        //上下各为 30

    .backgroundColor(Color.White)       //按钮文本白色
    .margin(bottom:20)                  //外边距：底边 20
```

详情页"预订"按钮如图 17-24 所示。

图 17-24　详情页"预订"按钮

17.4.6　组合

把上述组件组合纳入 Stack 中，详情页如图 17-25 所示。

图 17-25 详情页

仓颉 UI 案例：起司播客

本章展示一个类似音乐播放 App 的小应用：起司播客。首页预览如图 18-1 所示。

图 18-1　首页

频道页预览如图 18-2 所示。

播放页预览如图 18-3 所示。

图 18-2　播客频道页

图 18-3　播放页

18.1　资源导入

本案例为了简单起见，文字与颜色直接写在代码中，仅图片资源需要导入，将全部所需图片拖到 pages 的新建 img 子目录中，如图 18-4 所示。

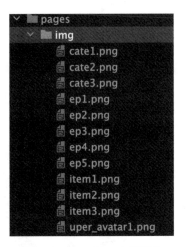

图 18-4　pages/img 中的图片

18.2　首页结构

使用默认的 index.cj 入口页作为启动页，分析页面的结构，可以用一个 Column 实现，从上至下依次是导航栏、分类标题、分类卡片列表、筛选栏、播客作品列表。

18.2.1　导航栏

导航栏的左侧是一个按列布局的两行文字，右侧是一个头像，代码如下：

```
//第 18 章/homenav.cj
Row {                                          //行容器

    Column {                                   //文字列容器

      Text('起司播客')
        .fontSize(20)
        .fontWeight(FontWeight.Bold)           //粗字体

      Text('爱情，生活，舒缓')
        .fontSize(15)
        .fontColor('#A3A1AF')

    }
    .alignItems(HorizontalAlign.Start)         //左对齐

    Blank()

    Image($r("app.media.profile"))             //头像图标
```

```
            .objectFit(ImageFit.Contain)
            .width(49)
            .height(49)


        }
        .width('100%')
        .padding(left:20,top:20,bottom:10,right:20)  //内边距
```

首页导航栏如图 18-5 所示。

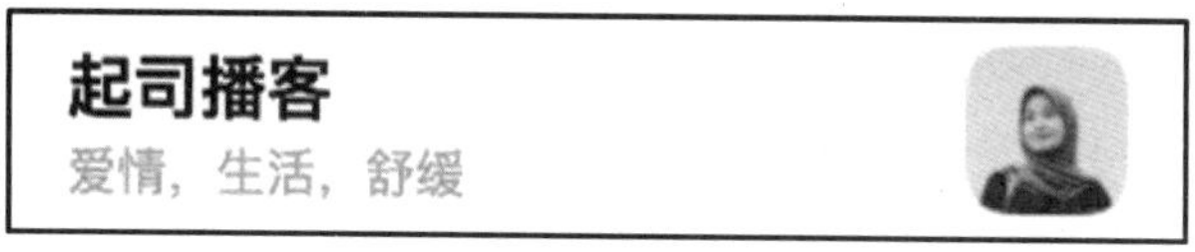

图 18-5　首页导航栏

18.2.2　分类标题

标题是一行文字，左对齐，代码如下：

```
Row {  //行容器
    Text('分类').fontSize(20).fontColor('#1E3354')
    }
    .width('100%').padding(left:20,top:10,bottom:10,right:20)
```

首页分类标题如图 18-6 所示。

分类

图 18-6　首页分类标题

18.2.3　分类卡片列表

定义分类列表的数据，代码如下：

```
//第18章/cate.cj
var cate = [
    {
        title: '音乐&娱乐',
        img: '/pages/img/cate1.png',
        total: '84',
        album: ['', '', '', '', '', '', ''],
    },
    {
        title: '生活&舒缓',
        img: '/pages/img/cate2.png',
```

```
        total: '96',
        album: ['', '', '', '', '', '', ''],
    },
    {
        title: '教育&学习',
        img: '/pages/img/cate3.png',
        total: '72',
        album: ['', '', '', '', '', '', ''],
    },
  ]
```

专辑数据，代码如下：

```
//第18章/albums.cj
var albums = [
    {
        title: 'Ngobam',
        cate: '音乐&娱乐',
        tag: 'pop',
        img: '/pages/img/item1.png',
        eps: '84',
        artist: 'Gofar Hilman'
    },
    {
        title: 'Semprod',
        cate: '生活&舒缓',
        tag: 'pop',
        img: '/pages/img/item2.png',
        eps: '44',
        artist: 'Kugo 娱乐'
    },
    {
        title: 'Sruput Nendang',
        cate: '教育&学习',
        tag: 'pop',
        img: '/pages/img/item3.png',
        eps: '46',
        artist: 'Macro & Marlo'
    },
  ]
```

卡片本身由背景层和卡片文字组成。背景层的代码如下：

```
Column {  //列容器
        Image(item.img)  //分类背景图
```

```
                 .objectFit(ImageFit.Cover).borderRadius(20)
}.width('100%').height('100%')
```

卡片文字由上下两部分排列组成，代码如下：

```
//第18章/cardtext.cj
Column {  //列容器

        Blank()

        Column {                    //列容器

          Text(item.title)        //分类的标题
            .fontSize(16)
            .opacity(0.9)          //不透明度0.9，比正常文字（1.0）略透明
            .fontWeight(FontWeight.Bold)      //粗字体

          Text(item.total + "个播客   ")            //分类中的播客数
            .fontSize(15)
            .opacity(0.4)          //不透明度0.4，比半透明文字（0.5）略透明

        }
        .borderRadius(20)                          //圆角
        .alignItems(HorizontalAlign.Start)         //左对齐
        .backgroundColor(Color.White)              //白色背景
        .opacity(0.6)                              //不透明度0.6
        .backdropBlur(8)                           //模糊背景度
        .padding(20)
        .width('100%')
}
.alignItems(HorizontalAlign.Start)           //左对齐
.width('100%')
.height('100%')
```

卡片文字如图18-7所示。

图18-7　卡片文字

将背景层和卡片文字堆叠起来，再加上用户单击的互动，代码如下：

```
//第18章/cardtextclick.cj
.onClick( {() =>                      //单击后
```

```
            router.push(           //页面跳转
              uri: 'pages/channel',  //频道页
              params: {              //参数
                place: item          //单个分类数据
              }
            )
      })
```

卡片如图 18-8 所示。

图 18-8　卡片

有了单个卡片的实现，接下来就可以使用横向滑动的 List 组件和 ForEach 对卡片数据进行循环渲染了，从而显示多个卡片，代码如下：

```
//第18章/cardlist.cj
List { //列表组件
    //循环对分类数据进行渲染
    ForEach(this.cate, item => {

        ListItem { //单个列表项
          //分类卡片
          Stack {

            Column {

              Image(item.img)
                .objectFit(ImageFit.Cover)
                .borderRadius(20)

            }
            .width('100%')
            .height('100%')
```

```
        Column {

          Blank()

          Column {

            Text(item.title)
              .fontSize(16)
              .opacity(0.9)
              .fontWeight(FontWeight.Bold)

            Text(item.total + "个播客    ")
              .fontSize(15)
              .opacity(0.4)
          }
          .borderRadius(20)
          .alignItems(HorizontalAlign.Start)
          .backgroundColor(Color.White)
          .opacity(0.6)
          .backdropBlur(8)
          .padding(20)
          .width('100%')
        }
        .alignItems(HorizontalAlign.Start)
        .width('100%')
        .height('100%')
      }.padding( left: 20 )
      .width(224)
      .height(296)
      .onClick( {() =>
        router.push(
          uri: 'pages/channel',
          params: {
            place: item
          }
        )
      })

    }
  })
}
.listDirection(Axis.Horizontal)  //列表滑动方向：水平
```

```
     .width('100%')
     .height(296)//高度限定
```

可左右滑动的首页卡片列表如图 18-9 所示。

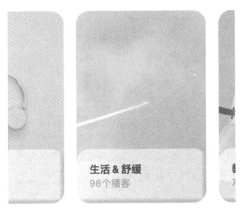

图 18-9　可左右滑动的首页卡片列表

18.2.4　筛选栏

定义筛选栏的数据数组和对应的索引数组，代码如下：

```
//筛选栏数组
var filters: string[] = ["流行", "最近", "音乐", "舒缓", "R&B"]
//通过 map 转换后，带索引的筛选栏数组
 var filterIndices: number[] = this.filters.map{(_, index) => index}
```

定义用户选中的筛选栏状态变量，代码如下：

```
@State var selected: Int64 = 0 //选中的筛选按钮索引
```

筛选栏由一系列的自定义按钮组成。单个按钮由图标加文字组成，第 1 个流行按钮有带
火的图标。筛选栏中如果任何一个按钮被用户单击，则显示按钮的背景及文字变粗体，单个
按钮的代码如下：

```
//第18章/filterbtn.cj
Button { //筛选按钮

        Row { //行容器

        if (index == 0) { //如果是第1个按钮，则在左侧加入一个图标
            Image($r("app.media.fire")) //火的图标
             .objectFit(ImageFit.Contain)
             .width(16).height(16)        //尺寸为16
             .margin({ right: 10 })       //右边距10
```

```
        }
        Text(this.filters[index])    //筛选文字
          .fontSize(17)
          //如果选中，则文字加粗，如果未选中，则为细字体
          .fontWeight(this.selected == index ? FontWeight.Bold :
                      FontWeight.Lighter)
          //如果选中，则文字变色，如果未选中，则恢复原色
          .fontColor(this.selected == index ? '#413E50' : '#A3A1AF')
      }.padding(15)

    }
    .type(ButtonType.Normal)    //默认按钮样式
    //如果选中背景色，则显示主题背景色，突出按钮；如果未选中，则为白色
    .backgroundColor(this.selected == index ? '#EDF0FC' : Color.White)
    .borderRadius(10)              //圆角
    .height(50)
    .onClick( () =>                //单击后切换选中按钮的索引
      this.selected = index
    })
```

第1个按钮的预览如图18-10所示。

🔥 流行

图18-10 单个筛选按钮

将筛选按钮数据使用横向滑动的 List 和 ForEach 进行循环渲染，即可得到按钮组，代码如下：

```
//第18章/filterforeach.cj
List( space: 10 ) {  //筛选列表容器，间距10
    //对带索引的筛选数组进行循环
    ForEach(this.filterIndices, {index =>
    //单个列表项
      ListItem {
      //筛选按钮
        Button {

          Row {

            if (index == 0) {
              Image($r("app.media.fire"))
```

```
            .objectFit(ImageFit.Contain)
            .width(16).height(16)
            .margin({ right: 10 })
        }

        Text(this.filters[index])
          .fontSize(17)
          .fontWeight(this.selected == index ? FontWeight.Bold :
                      FontWeight.Lighter)
          .fontColor(this.selected == index ? '#413E50' : '#A3A1AF')
      }.padding(15)


    }
    .type(ButtonType.Normal)
    .backgroundColor(this.selected == index ? '#EDF0FC' : Color.White)
    .borderRadius(10)
    .height(50)
    .onClick( () =>
      this.selected = index
    })
  }
 })
}
.listDirection(Axis.Horizontal)//列表滑动方向：水平
.width('100%')
.height(90) //限定高度90
.padding(20)
```

选中第 3 个按钮的预览如图 18-11 所示。

拖到尾部，选中最后一个按钮的预览如图 18-12 所示。

图 18-11　筛选栏（选中第 3 个） 　　　　　　图 18-12　筛选栏（选中最后一个）

18.2.5　音乐列表

单个的音乐条目由专辑图标、音乐名、作者、所属分类和专辑数目组合在一行。圆角的
专辑图标，代码如下：

```
Image(item.img) //专辑图片
        .objectFit(ImageFit.Cover)
        .width(56).height(56).borderRadius(20) //圆角
```

专辑图标如图 18-13 所示。

图 18-13　专辑图标

音乐名和作者在同一行，代码如下：

```
//第18章/namerow.cj
Row {  //行容器

            Text(item.title)        //音乐名
                .fontSize(16)
                .opacity(0.9)       //不透明度，略微透明

            Text("|")               //竖直分割线
                .fontSize(15)
                .opacity(0.05)      //不透明度很低，使其视觉上略微可见
                .padding(left:10,right:10) //左右边距

            Text(item.artist)       //作者
                .fontSize(15)
                .opacity(0.4)       //比半透明再透明一些，以凸显作品名为主

}
    .width('90%')
```

音乐名和作者如图 18-14 所示。

Ngobam　Gofar Hilman

图 18-14　音乐名和作者

所属分类和专辑数目都在同一行，代码如下：

```
//第18章/caterow.cj
Row {  //行容器

            Text(item.cate)   //分类
                .fontSize(16)
                .opacity(0.4)   //比半透明再透明些
```

```
        Text("·")              //分割点
            .fontSize(15)
            .opacity(0.2)      //很透明，视觉上略微可见
            .padding(left:5,right:5)      //前后有间距

        Text(item.eps + "个 Ep")         //Ep 数
            .fontSize(15)
            .opacity(0.4)      //比半透明再透明些

    }
        .width('90%')
```

所属分类和专辑数如图 18-15 所示。

将三部分依次组合到行容器中，预览如图 18-16 所示。

音乐 & 娱乐 · 84个Ep

图 18-15　所属分类和专辑数　　　　　　　图 18-16　单个音乐条目

有了单个音乐条目的实现，就可以使用一个纵向滑动的 List 和 ForEach 循环渲染，再加上用户单击后跳转到音乐播放页的互动，代码如下：

```
//第 18 章/itemlist.cj
List { //音乐条目列表容器
        //对专辑数据进行循环渲染
        ForEach(this.albums, {item =>
         //单个列表条目
          ListItem {
          //音乐
            Row {

                Image(item.img)
                    .objectFit(ImageFit.Cover)
                    .width(56)
                    .height(56)
                    .borderRadius(20)

                Column {

                    Blank()

                    Row {
```

```
            Text(item.title)
              .fontSize(16)
              .opacity(0.9)

            Text("|")
              .fontSize(15)
              .opacity(0.05)
              .padding(left:10,right:10)

            Text(item.artist)
              .fontSize(15)
              .opacity(0.4)

          }
          .width('90%')

          Row {

            Text(item.cate)
              .fontSize(16)
              .opacity(0.4)

            Text("·")
              .fontSize(15)
              .opacity(0.2)
              .padding(left:5,right:5)

            Text(item.eps + "个 Ep")
              .fontSize(15)
              .opacity(0.4)

          }
          .width('90%')
          Blank()
        }
        .width('70%')
        .height('100%')
      }
      .borderRadius(18)
      .backgroundColor('#EDF0FC')
      .margin(left:20,top:10,bottom: 10, right:20)
      .padding(10)
      .width('90%')
```

```
            .height(72)
            .onClick(  () =>
              router.push(
                uri: 'pages/detail',
                params: {
                  place: item
                }
              )
            })

        }
      })
    }
    .width('100%')
    .height('35%')  //限定高度
```

音乐列表如图 18-17 所示。

18.2.6 组合

将上述组件组合起来后放入列容器中，首页如图 18-18 所示。

图 18-17 音乐列表   图 18-18 首页

18.3　频道页

频道页是一个播客作者的详细介绍，结构的上半部分是播客信息区域（导航栏、头像、昵称、播客描述、作品数和昵称），下半部分是播客作品页。在 pages 下新建一个 channel.cj 源文件。

18.3.1　播客作品数据

播客个人信息，代码如下：

```
var author = {
    desc: '听我用音乐娓娓道来',
    albums: 256, name: '奥珍妮博士',
    avatar: '/pages/img/uper_avatar1.png'
}
```

播客作品信息，代码如下：

```
//第18章/pods.cj
var albums = [
    {
        title: '工作和生活之间',
        img: '/pages/img/ep1.png',
        duration: '56:38',
        eps: '56',
    },
    {
        title: '前进的力量',
        img: '/pages/img/ep2.png',
        duration: '28:01',
        eps: '35',
    }, {
        title: '让我惊喜的小猴',
        img: '/pages/img/ep3.png',
        duration: '1:40:20',
        eps: '42',
    }, {
        title: '我的爱情被疫情阻隔',
        img: '/pages/img/ep4.png',
        duration: '1:05:13',
        eps: '51',
    }, {
        title: '你为什么要振作起来？',
```

```
    img: '/pages/img/ep5.png',
    duration: '45:28',
    eps: '77',
  },
]
```

18.3.2 导航栏

导航栏左侧有一个返回按钮，中间是标题，右侧留空，代码如下：

```
//第18章/podnav.cj
Row { //行容器

    Image($r("app.media.back")) //返回图标
      .objectFit(ImageFit.Contain)
      .width(20)
      .height(20)
      .onClick({()=> //单击后返回上一页
        router.back()
      })

    Blank()

    Text('播客')
      .fontSize(20)

    Blank()

}
.width('100%')
.padding( left: 20, top: 20, bottom: 10, right: 20 )
```

导航栏如图 18-19 所示。

图 18-19　导航栏

18.3.3 播客个人信息区域

把头像、昵称、播客描述、作品数和昵称都组合在一个列容器中，如图 18-20 所示。

图 18-20　播客信息区域

18.3.4　播客作品列表

播客作品列表有一个标题区，使用一个行容器包含，代码如下：

```
//第18章/podrow.cj
Row {  //行容器

    Text('全部 EP')
      .fontSize(20)
      .fontColor('#1E3354')

    }
    .width('100%')
    .padding(left:20)
```

播客列表标题如图 18-21 所示。

全部EP

图 18-21　播客列表标题

单个播客作品项目，由作品封面、作品名、时长和作品数组合在一个列容器中，代码如下：

```
//第18章/poddetailrow.cj
Row {  //行容器

            Image(item.img)              //作品图片
              .objectFit(ImageFit.Cover)
              .width(56).height(56)      //宽和高都为 56 的正方形
              .borderRadius(20)          //圆角

            Column {                     //列容器

              Blank()
```

```
        Row {                           //行容器

          Text(item.title)        //作品标题
            .fontSize(16)
            .opacity(0.9)         //不透明度0.9，比正常字体略微不透明

          Text("|")
            .fontSize(15)
            .opacity(0.05)        //不透明度0.05，非常透明，视觉上不太可见

            .padding( left: 10, right: 10 )

          Text(item.artist)       //作品的作者
            .fontSize(15)
            .opacity(0.4)         //比半透明再透明些
        }
        .width('90%')

        Row {

          Text(item.duration)   //时长
            .fontSize(16)
            .opacity(0.4)
          Text("·")               //点间隔
            .fontSize(15)
            .opacity(0.2)         //不透明度0.2，比较透明，视觉上略微可见
            .padding( left: 5, right: 5 )

          Text(item.eps + "个Ep")
            .fontSize(15)
            .opacity(0.4)         //比半透明再透明些

        }
        .width('90%')

        Blank()

    }
    .width('70%')
    .height('100%')
}
.borderRadius(18)                //圆角
.backgroundColor('#EDF0FC')
```

```
            //外边距，左右各为20，上下各为10
            .margin( left: 20, top: 10, bottom: 10, right: 20 )
            .padding(10)
            .width('90%')
            .height(72)                    //高度限制
```

对于播客作品数据，使用 List 和 ForEach 循环渲染，加上用户互动，以便跳转到播放页，代码如下：

```
//第18章/poditemclick.cj
.onClick({() =>                    //单击后跳转到播放页
        router.push(
          uri: 'pages/detail',
          params: {          //参数
            place: item  //单个作品数据
          }
        )
    })
```

播客列表如图 18-22 所示。

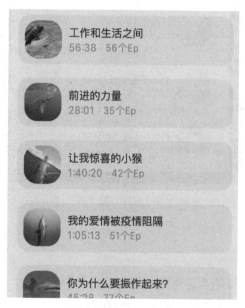

图 18-22　播客列表

18.3.5　组合

将以上各个子组件和数据组合起来，频道页如图 18-23 所示。

图 18-23　频道页

18.4　播放页

播放页用于播放上一页的频道页的播客作品，包含导航栏、作品大图、作品名、作者、播放控制按钮。在 pages 目录下新建源文件 detail.cj。

18.4.1　状态变量

播放的作品来自上一页，这里使用固定的数据。播放状态是用户可控的，使用@State 变量，定义代码如下：

```
//第18章/playerdata.cj
```

```
@State playing: boolean = false
  var music = {
    img: 'pages/img/ep1.png',
    author: '奥珍妮博士',
    title: '工作和生活之间',
    duration: '56:38',
  }
```

18.4.2 导航栏

导航栏左侧用于返回上一页，右侧可以将作品添加到播放列表，代码如下：

```
//第18章/playernav.cj
Row { //行容器

    Image($r("app.media.back"))    //返回图标
      .objectFit(ImageFit.Contain)
      .width(20).height(20)        //宽和高都为20，正方形
      .onClick({ ()=>              //单击后返回
        router.back()
      })

    Blank()

    Text(' ')                      //空白文字用于占位

      .fontSize(20)

    Blank()

    Image($r("app.media.playlist")) //播放列表图标
      .objectFit(ImageFit.Contain)
      .width(20)
      .height(20)

  }
  .width('100%')
  .padding(30)
```

播放页导航栏如图 18-24 所示。

图 18-24　播放页导航栏

18.4.3　作品大图

作品大图带有圆角和阴影，将 Image 放入列容器中后再修饰，代码如下：

```
//第18章/playercol.cj
Column {                          //列容器

    Image(this.music.img)        //音乐图标
      .objectFit(ImageFit.Cover)
      .width(279)
      .height(326)
      .borderRadius(16)          //圆角

}
.borderRadius(16)                //圆角
//阴影，圆角50，向右下方向略偏移
.shadow(radius: 50, color: '#cfcfcf',
  offsetX:5, offsetY: 15)
.margin(30)
```

播放页作品大图如图 18-25 所示。

图 18-25　播放页作品大图（圆角加阴影）

18.4.4　作品名和作者

作品名和作者按列布局，其中作者的文字带不透明效果，代码如下：

```
//第18章/playernamecol.cj
Column { //列容器
```

```
        Text(this.music.title) //作品名
            .fontSize(20)

        Text(this.music.author)   //作者
            .fontSize(15)
            .opacity(0.4)              //不透明度0.4，比半透明更透明一些

    }
    .padding(30)
```

播放页作品名和作者如图18-26所示。

工作和生活之间
奥珍妮博士

图18-26　播放页作品名和作者

18.4.5　播放控制按钮

播放按钮可以根据作品的播放状态来切换图标，用户单击按钮可以在播放或暂停两种状态之间进行切换，可将按钮置入一个行容器，代码如下：

```
//第18章/playerbtn.cj
Row {  //行容器
    //如果音乐播放状态是播放中，则显示暂停图标，否则显示播放图标
    Image(this.playing ? $r("app.media.pause") : $r("app.media.play"))
        .objectFit(ImageFit.Cover)
        .width(64)
        .height(64)
        .onClick({()=> //单击切换播放状态
    this.playing = !this.playing
        })
    }
    .padding(30)
```

音乐暂停时显示播放图标，单击可继续播放，如图18-27所示。
音乐正在播放时显示暂停图标，单击可暂停播放，如图18-28所示。

图18-27　播放页播放控制按钮（可播放）　　　图18-28　播放页播放控制按钮（可暂停）

18.4.6　组合

将以上子组件和数据组合起来，播放页如图 18-29 所示。

图 18-29　播放页（播放中）

仓颉 UI 案例：世界巡游团

本章展示一个类似团购民宿度假的小应用：世界巡游团。

与前几章的案例实现稍有不同，本章从 App 的界面设计稿的效果开始，把所有 UI 元素拆解成最小化的组件的方式来组合成所有的需要的页面，可以达到理论上最高的组件复用率。

世界巡游团在设计软件中的启动页如图 19-1 所示。

图 19-1　启动页

首页如图 19-2 所示。

详情页如图 19-3 所示。

图 19-2　首页　　　　　　　　　　　　　　图 19-3　详情页

19.1　资源导入

本案例为了简单起见，文字与颜色直接写在代码中，仅图片资源需要导入，将所需图片拖到资源文件夹的 media 子目录中，如图 19-4 所示。

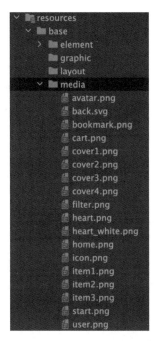

图 19-4　资源文件夹中的图片（除既有的 icon.png 外）

19.2　启动页

使用默认的 index.cj 入口页作为启动页，分析页面的结构，所有的元素都可以放入一个 Column 容器中，即可将组件依次放入一列进行布局。

19.2.1　封面组件

封面由 4 张度假酒店的门面图片组成，整体上呈现一种瀑布流布局的 Grid 组件。不过当前 Grid 组件尚未支持瀑布流布局，作为迂回的实现，可以改为两列式的左右拼接，两侧各占 50% 的水平空间，即内部横向布局。

要创建一个新组件，依照惯例，在 pages 目录下新建源码文件 bannerLeft.cj，用于容纳左侧封面，左侧最下方的图片有一个暗色效果，可以调低图片的亮度，示例代码如下：

```
Image()
    .brightness(0.3)
```

图片本身的尺寸固定不变，另有圆角和内边距，代码如下：

```
//第19章/bannerleft.cj
@Entry
@Component
class BannerLeft {              //左侧封面
```

```
func build() {

  Column(space:20) {                      //列容器，间距20
    Image($r("app.media.cover1"))    //第1张封面图
      .width(149)
      .height(222)
      .objectFit(ImageFit.Contain)
      .borderRadius(14)                  //圆角

    Image($r("app.media.cover2"))    //第2张封面图
      .width(149)
      .height(222)
      .objectFit(ImageFit.Contain)
      .borderRadius(14)                  //圆角
      .brightness(0.3)                   //亮度
      .width('50%')                      //占一半的容器宽度

  }
  .padding(20)
 }
}
```

瀑布流左侧封面如图19-5所示。

图19-5　瀑布流左侧封面

再创建一个新组件，依照惯例，在 pages 目录下新建源码文件 bannerRight.cj，布局与左侧相似，右侧最下方图片同样需要调低亮度，完整代码如下：

```
//第19章/bannerright.cj
@Entry
@Component
class BannerRight {                       //右侧封面

  func build() {

    Column(space:20) {                    //列容器，间距20
      Image($r("app.media.cover3"))       //第3张封面图
        .width(149)
        .height(222)
        .objectFit(ImageFit.Contain)
        .borderRadius(14)                 //圆角

      Image($r("app.media.cover4"))       //第4张封面图
        .width(149)
        .height(222)
        .objectFit(ImageFit.Contain)
        .borderRadius(14)                 //圆角
        .brightness(0.3)                  //亮度
        .width('50%')                     //占一半的容器宽度


    }
    .padding(20)
  }
}
```

瀑布流右侧封面如图 19-6 所示。

不过看起来两张图片产生了尺寸不对称问题，原因是图片本身可能大小不同，如果使用保持比例（Contain）的填充方式，就会在容器大小固定的情况下产生变化。将组件中的图片的填充方式更改为适应容器大小（Fill），代码如下：

```
Image(){

}.objectFit(ImageFit.Fill)  //图片填充适应容器大小
```

更新后的右侧封面预览如图 19-7 所示。

图 19-6　瀑布流右侧封面　　　　　　　　　图 19-7　瀑布流右侧封面（优化后）

最后创建封面组件，依照惯例，在 pages 目录下新建源码文件 banner.cj，将左右两侧容器组合起来，代码如下：

```
//第19章/banner.cj
from './bannerLeft.cj' import bannerLeft    //导入左侧封面
from './bannerRight.cj' import bannerRight  //导入右侧封面

@Entry
@Component
class Banner { //封面组件
  func build() {
```

```
Flex( //弹性布局
  direction: FlexDirection.Row,        //水平方向排列
  alignItems: ItemAlign.Center,        //垂直方向居中
  justifyContent: FlexAlign.Center     //水平方向居中
) {

  bannerLeft()     //左侧封面
  bannerRight()    //右侧封面

  }

  }
}
```

因为通常创建新组件时默认可能生成 Flex 弹性组件作为根容器，为了便利起见，在很多情况下，可以将 Flex 弹性组件替换为 Row 组件，唯一需要修改的是把 direction 属性设为 Row，如图 19-8 所示。

图 19-8 瀑布流右侧容器（图片填充优化后）

19.2.2 启动按钮组件

启动页最下方是开始按钮，左侧的一个右箭头图标略微离圆角有一点距离，右侧是文字，针对这种布局，可以使用行容器，插入空白组件布局，相对比使用 Flex 容器更直观也容易理解，代码如下：

```
//第19章/startbtn.cj
Row() { //行容器

    Image($r("app.media.start"))     //启动图标
      .width(42)
      .height(42)
      .margin(left:5)                //左外边距5

    Blank()

    Text('开始巡游')
      .fontSize(18)
      .fontWeight(FontWeight.Bold)  //粗字体

    Blank()
}
.borderRadius(27)                    //圆角
.width(247)
.height(52)
.margin(10)                          //外边距10
```

启动按钮如图 19-9 所示。

图 19-9　启动按钮

比较有挑战的是按钮的渐变色背景，观察设计稿的效果，从上到下是由淡绿色到绿色的过渡，可以使用线性渐变属性实现，示例代码如下：

```
Row(){

}
.linearGradient() //线性渐变
```

线性渐变有 3 个参数，其中 angle 为线性渐变的角度，direction 是线性渐变的方向，colors 用于描述渐变的颜色过渡。此外，可以用 repeating 为渐变重复着色。

启动按钮的渐变方向是从底部开始的，水平 180° 从淡绿色渐变到绿色，代码如下：

```
//第 19 章/grad.cj
Row(){


}
    .linearGradient(
        angle: 180,                             //渐变角度
        direction: GradientDirection.Bottom,    //渐变方向，从底部开始
        colors: [[0x00F4FF,0],[0x00ADB5,1]]     //颜色范围定义：从淡绿色渐变到绿色
)
```

加渐变背景的启动按钮如图 19-10 所示。

图 19-10　启动按钮（加渐变背景）

19.2.3　背景色

在 index.cj 文件中使用列容器包含所有子组件，给予背景色，代码如下：

```
//第 19 章/indexcol.cj
Column() {              //背景色

    banner()        //横幅
    StartButton()   //启动按钮

    }
    .width('100%')
    .height('100%')
    .backgroundColor('#252A39') //背景色
```

包含子组件的启动页如图 19-11 所示。

19.2.4　右侧封面修正

此时发现右侧封面的大小相同，可直接将右侧封面组件上方图片的高度更改为 184，将下方图片的高度更改为 273。再次刷新首页，如图 19-12 所示。

图 19-11　包含子组件的启动页（加背景色）

图 19-12　修正后的启动页预览

19.2.5　组合

把启动页的两段文字都加入，加入后 index.cj 文件中的代码如下：

```
//第19章/index.cj
from './banner.cj' import banner              //导入封面
from './StartButton.cj' import StartButton    //导入启动按钮

@Entry
@Component
class Index {

  func build() {

    Column() { //列容器

      banner() //封面
```

```
    Text("世界巡游团，启航")
      .fontSize(32)
      .fontColor(Color.White)

    Blank()

    Text("极尽所能，让您搜索优美的度假胜地")
      .fontSize(16)
      .fontColor('#767D92')

    Blank()

    StartButton()  //启动按钮

    Blank()

  }
  .width('100%')
  .height('100%')
  .backgroundColor('#252A39')  //背景色
  }
}
```

启动页如图 19-13 所示。

图 19-13　启动页

19.3 首页

首页与启动页非常相似，只不过组件较多，所有的元素都可以放入一个列容器中，即将组件依次放入一列进行布局。要创建组件，依照惯例，在 pages 目录下新建源码文件 home.cj。

19.3.1 导航组件

导航由位于一行以内的文字块与头像图片组成，即内部横向布局（Row）。文字块的两块文字按列布局。要创建一个新组件，依照惯例，在 pages 目录下新建源码文件 nav.cj。

文字块的代码如下：

```
//第19章/homenav.cj
Column(){ //列容器

    Text('小雅')
      .fontSize(25)
      .fontWeight(FontWeight.Bold)        //粗字体
      .fontColor(Color.White)             //白色背景

    Text('探索世界之美')
      .fontSize(18)
      .fontColor('#767D92')               //灰白色

}
  .alignItems(HorizontalAlign.Start) //左对齐
```

导航文字块如图 19-14 所示。

图 19-14　导航文字块

头像图片代码如下：

```
Image($r("app.media.avatar")) //头像图标
      .height(44)
      .width(44)
      .objectFit(ImageFit.Fill)
```

导航头像如图 19-15 所示。

图 19-15 导航头像

组合起来的导航组件，代码如下：

```
//第19章/homenav2.cj
@Entry
@Component
class Nav { //导航组件
  func build() {

    Flex(
      direction: FlexDirection.Row,  //按行布局
      alignItems: ItemAlign.Center, //垂直居中
      justifyContent: FlexAlign.SpaceBetween //水平间距均等
    ) {

      Column(){ //列容器

        Text('小雅')
          .fontSize(25)
          .fontWeight(FontWeight.Bold)
          .fontColor(Color.White)

        Text('探索世界之美')
          .fontSize(18)
          .fontColor('#767D92')

      }
      .alignItems(HorizontalAlign.Start)

      Image($r("app.media.avatar"))
        .height(44)
        .width(44)
        .objectFit(ImageFit.Fill)

    }
    .padding(20)
    .width('100%')
```

```
    }
  }
```

导航如图 19-16 所示。

图 19-16   导航

19.3.2   口号文字组件

此组件非常简单，可将两段文字放入一列中。要创建组件，依照惯例，在 pages 目录下新建源码文件 nav.cj，代码如下：

```
//第19章/slogan.cj
@Entry
@Component
class Slogan {                         //口号文字组件
  func build() {

    Column() {                         //列容器

      Text('发现\n度假新世界')           //\n可使文字换行
        .fontSize(35)
        .fontWeight(FontWeight.Bold)  //粗字体
        .fontColor(Color.White)        //白色字体

      Text('度假胜地搜索、一触即达')
        .fontSize(18)
        .fontColor('#767D92')          //灰白色

    }
    .alignItems(HorizontalAlign.Start) //左对齐
    .padding(20)
    .width('100%')
  }
}
```

口号文字如图 19-17 所示。

图 19-17　口号文字

19.3.3　搜索条组件

按照惯例要新建一个组件，在 pages 目录下新建一个 searchbar.cj。搜索条右侧有一个渐变带图标的按钮，可以使用线性渐变属性修饰一个 Row 容器，代码如下：

```
//第19章/srow.cj
Row(){                                     //行容器

    Image($r("app.media.filter"))          //筛选图标
        .width(42).height(42)              //图标大小 42
        .margin(left:5)
}
.borderRadius(12)                          //圆角
.height(52).width(52)                      //行容器尺寸 52
.linearGradient(                           //线性渐变
    angle: 180,                            //角度
    direction: GradientDirection.Bottom,   //渐变起始：从底部
    colors: [[0x00F4FF,0],[0x00ADB5,1]]    //颜色过渡范围
)
```

搜索按钮如图 19-18 所示。

图 19-18　搜索按钮

搜索输入框可以使用 TextInput 组件，代码如下：

```
TextInput(
    placeholder: '搜索'                    //占位符：未输入时的占位文本
)
    .placeholderColor('#767D92') //占位符颜色
    .width('75%').height(52)
```

搜索输入框如图 19-19 所示。

搜索

图 19-19　搜索输入框

不过 TextInput 组件暂不支持在其中置入图标，这里留给读者去思考如何实现。把两个组件组合起来，代码如下：

```
//第 19 章/searchbar.cj
@Entry
@Component
class Searchbar {      //搜索条组件
func build() {

    Row() {              //行容器

        TextInput(
            placeholder: '搜索'
        )
            .placeholderColor('#767D92')
            .width('75%')
            .height(52)

        Blank()

        Row(){
            Image($r("app.media.filter"))
                .width(42)
                .height(42)
                .margin(
                    left:5
                )
        }
        .borderRadius(12)
        .height(52)
        .width(52)
        .linearGradient(
            angle: 180,
            direction: GradientDirection.Bottom,
            colors: [[0x00F4FF,0],[0x00ADB5,1]]
        )
```

```
    }
    .padding(20)
    .width('100%')
    .height('100%')
  }
}
```

搜索条组件如图 19-20 所示。

图 19-20　搜索条组件

19.3.4　筛选按钮栏

按照惯例要新建一个组件，在 pages 目录下新建一个 filter.cj。因为筛选可能有很多个按钮，所以可将未能显示的筛选按钮向右滑动后展示，那么这里毫无疑问要选择 List 组件。将滑动方向 listDirection 设置为 Horizontal 水平，另加上边距 20，框架代码如下：

```
List() {                    //列表
    ListItem() {    //单个列表项
    }
}.padding(20)               //边距
.listDirection(Axis.Horizontal) //水平滑动
```

List 中的每项由 ListItem 进行包裹。先实现第 1 个带渐变色的圆角"全部"按钮，代码如下：

```
//第19章/allbtn.cj
Row(){ //行容器，用于圆角的"全部"按钮

        Text('全部')
          .fontWeight(FontWeight.Bold)  //粗字体
          .fontColor(Color.White)         //白色字体
          .fontSize(18)
          .padding(top:8,bottom:8,left:20, right:20)//内边距

    }
    .borderRadius(8)          //圆角
    .linearGradient({          //线性渐变，与App中其他渐变参数一致
      angle: 180,
      direction: GradientDirection.Bottom,
      colors: [[0x00F4FF,0],[0x00ADB5,1]]
```

```
    })
```

"全部"按钮如图 19-21 所示。

图 19-21　"全部"按钮

嵌入 ListItem 中，代码如下：

```
//第19章/filterlist.cj
List() {

    ListItem() {

        Row(){

            Text('全部')
              .fontWeight(FontWeight.Bold)
              .fontColor(Color.White)
              .fontSize(18)
              .padding(top:8,bottom:8,left:20, right:20)

        }
        .borderRadius(8)
        .linearGradient({
          angle: 180,
          direction: GradientDirection.Bottom,
          colors: [[0x00F4FF,0],[0x00ADB5,1]]
        })

    }

  }
  .listDirection(Axis.Horizontal)
  .padding(20)
```

接着是未选中的第 2 个"探险之旅"按钮，与选中的按钮相比，未选中的按钮背景为深色且无渐变，字体呈灰白色：

```
//第19章/filterlistitem.cj
ListItem() {

    Row(){
```

```
      Text('探险之旅')
        .fontWeight(FontWeight.Lighter) //细字体
        .fontColor('#767D92')
        .fontSize(18)
        .padding(top:8,bottom:8,left:20, right:20) //内边距

    }
    .borderRadius(8) //圆角
    .backgroundColor('#2D3344') //背景色
```

筛选"探险之旅"按钮如图 19-22 所示。

图 19-22　筛选"探险之旅"按钮

两个按钮之间需要有一定的空隙，给 List 整体配置一个间距，代码如下：

```
//第19章/filterlist2.cj
List(space:10) { //列表的间距

    ListItem() {

      Row(){

        Text('全部')
          .fontWeight(FontWeight.Bold)
          .fontColor(Color.White)
          .fontSize(18)
          .padding(top:8,bottom:8,left:20, right:20)

      }
      .borderRadius(8)
      .linearGradient(
        angle: 180,
        direction: GradientDirection.Bottom,
        colors: [[0x00F4FF,0],[0x00ADB5,1]]
      )

    }

    ListItem() {

      Row(){
```

```
        Text('探险之旅')
            .fontWeight(FontWeight.Lighter)
            .fontColor('#767D92')
            .fontSize(18)
            .padding(top:8,bottom:8,left:20, right:20)

        }
        .borderRadius(8)
        .backgroundColor('#2D3344')

    }


    }
    .listDirection(Axis.Horizontal)
    .padding(20)
```

再刷新，预览如图 19-23 所示。

图 19-23　加了间距的两个按钮

下一个按钮的布局与上一个相同，只需更改文字：

```
//第19章/filterlistitem2.cj
ListItem() {

    Row(){

      Text('洞穴')
        .fontWeight(FontWeight.Lighter)
        .fontColor('#767D92')
        .fontSize(18)
        .padding(top:8,bottom:8,left:20, right:20)

    }
    .borderRadius(8)
    .backgroundColor('#2D3344')

    }
```

筛选"洞穴"按钮如图 19-24 所示。

图 19-24 筛选"洞穴"按钮

第 4 个按钮也是相同的布局，代码如下：

```
//第19章/filterlistitem.cj
ListItem() {

    Row(){

      Text('沙漠')
        .fontWeight(FontWeight.Lighter)
        .fontColor('#767D92')
        .fontSize(18)
        .padding({top:8,bottom:8,left:20, right:20})

    }
    .borderRadius(8)
    .backgroundColor('#2D3344')

  }
```

筛选"沙漠"按钮如图 19-25 所示。

现在可以看到默认因为按钮总体长度超出了 List 宽度，所以会被屏幕截断，尝试向右滑动一下列表，可以显示最右端的按钮，如图 19-26 所示。

图 19-25 筛选"沙漠"按钮

图 19-26 滑动以显示最右端按钮

19.3.5 推荐卡片列表组件

推荐卡片列表组件分为标题栏和推荐卡片列表。在 pages 下新建 card.cj。标题栏非常简单，文字在一行之内，两侧加上间距：

```
//第19章/cardrow.cj
Row() {

    Text('推荐')
      .fontSize(18)
```

```
      .fontWeight(FontWeight.Bold)
      .fontColor(Color.White)

    Blank()

    Text('看全部')
      .fontSize(16)
      .fontColor('#A7A6A7')

  }
  .padding(20)
  .width('100%')
```

推荐标题栏如图 19-27 所示。

图 19-27　推荐标题栏

推荐卡片列表也是一个可以水平左右滚动的组件，选择 List 及 ListItem 组件，给予标准间距 20，框架代码如下：

```
List(space: 20) {
    ListItem(){
    }
}.listDirection(Axis.Horizontal)
```

先实现单独的卡片，卡片由背景图、右上角收藏按钮、左下角两段文字描述叠加组成。首先实现圆角背景图，代码如下：

```
//第19章/cardstack.cj
Stack() {
        Image($r("app.media.item1"))  //卡片大图
          .width(220)
          .height(290)
          .objectFit(ImageFit.Fill)
          .borderRadius(14)
}
```

推荐卡片背景如图 19-28 所示。

然后在右上角加入收藏按钮，收藏按钮居右，可以包含在一个行容器中：

图 19-28 推荐卡片背景

```
//第19章/favrow.cj
Row() { //行容器，用作收藏按钮

        Blank()

        Row() {

            Image($r("app.media.heart_white")) //收藏白色爱心图标
                .width(32)
                .height(32)
                .objectFit(ImageFit.Fill)


        }
            .backgroundColor(Color.Gray)      //灰色背景
            .backdropBlur(0.9)                //模糊效果
            .borderRadius(8)                  //圆角

    }
    .width('100%')
    .padding(20)
```

卡片带收藏按钮，如图 19-29 所示。

图 19-29　卡片带收藏按钮

　　现在可以看到预览中的位置并不在右上角，因为下方的文字区域还没生成，稍后再来解决这个问题。文字区域由两端按列布局左对齐文字，加上左侧的标准边距 20，以及右侧的行距构成，代码如下：

```
//第19章/cardtext.cj
Row() { //行容器

        Column() { //文字列容器

          Text('圣胡安')
            .fontSize(25)
            .fontWeight(FontWeight.Bold)      //粗字体
            .fontColor(Color.White)           //白色文字

          Text('美国阿拉巴马')
            .fontSize(18)
            .fontColor(Color.White)

        }
        .alignItems(HorizontalAlign.Start) //左对齐
        .padding(20)

        Blank()

    }
    .width('100%')
```

再将爱心图标和文字区域整体放入一个列容器中，尺寸与背景图尺寸一致，框架代码
如下：

```
//第19章/cardcol.cj
Column() { //列容器

        Row() { //行容器

          Blank()

          Row() {

            Image($r("app.media.heart_white"))
              .width(32)
              .height(32)
              .objectFit(ImageFit.Fill)

          }
          .backgroundColor(Color.Gray)
          .backdropBlur(0.9)
          .borderRadius(8)

        }
        .width('100%')
        .padding(20)

        Blank()

        Row() {

          Column() {

            Text('圣胡安')
              .fontSize(25)
              .fontWeight(FontWeight.Bold)
              .fontColor(Color.White)

            Text('美国阿拉巴马')
              .fontSize(18)
              .fontColor(Color.White)

          }
          .alignItems(HorizontalAlign.Start)
```

```
        .padding(20)

      Blank()
    }
    .width('100%')

  }
  .width(220)
  .height(290)
```

卡片爱心图标和文字区域的效果如图 19-30 所示。

图 19-30　卡片爱心图标和文字区域效果

将整个叠加出来的 Stack 代码作为第 1 张卡片的 ListItem，代码如下：

```
//第 19 章/cardlistitem2.cj
ListItem() { //单个卡片项目

    Stack() {
      Image($r("app.media.item1"))
        .width(220)
        .height(290)
        .objectFit(ImageFit.Fill)
        .borderRadius(14)

      Column() {

        Row() {
```

```
      Blank()

      Row() {

        Image($r("app.media.heart_white"))
          .width(32)
          .height(32)
          .objectFit(ImageFit.Fill)

      }
      .backgroundColor(Color.Gray)
      .backdropBlur(0.9)
      .borderRadius(8)

    }
    .width('100%')
    .padding(20)

    Blank()

    Row() {

      Column() {

        Text('圣胡安')
          .fontSize(25)
          .fontWeight(FontWeight.Bold)
          .fontColor(Color.White)

        Text('美国阿拉巴马')
          .fontSize(18)
          .fontColor(Color.White)

      }
      .alignItems(HorizontalAlign.Start)
      .padding(20)

      Blank()
    }
    .width('100%')

  }
  .width(220)
```

```
        .height(290)

    }

  }
```

第 2 张卡片，只需替换其中的背景图和文字区域：

```
//第19章/cardlistitem3.cj
ListItem() {

    Stack() {
      Image($r("app.media.item2"))
        .width(220)
        .height(290)
        .objectFit(ImageFit.Fill)
        .borderRadius(14)

      Column() {

        Row() {

          Blank()

          Row() {

            Image($r("app.media.heart_white"))
              .width(32)
              .height(32)
              .objectFit(ImageFit.Fill)

          }
          .backgroundColor(Color.Gray)
          .backdropBlur(0.9)
          .borderRadius(8)

        }
        .width('100%')
        .padding(20)

        Blank()

        Row() {
```

```
        Column() {

          Text('海边公寓')
            .fontSize(25)
            .fontWeight(FontWeight.Bold)
            .fontColor(Color.White)

          Text('圭亚那科里亚博')
            .fontSize(18)
            .fontColor(Color.White)

        }
        .alignItems(HorizontalAlign.Start)
        .padding(20)

        Blank()
      }
      .width('100%')

    }
    .width(220)
    .height(290)
  }
}
```

第 2 张卡片如图 19-31 所示。

图 19-31　第 2 张卡片

第 3 张卡片，如上替换其中的背景图和文字区域，代码如下：

```
//第19章/cardlistitem4.cj
ListItem() {

    Stack() {
      Image($r("app.media.item3"))
        .width(220)
        .height(290)
        .objectFit(ImageFit.Fill)
        .borderRadius(14)

      Column() {

        Row() {

          Blank()

          Row() {

            Image($r("app.media.heart_white"))
              .width(32)
              .height(32)
              .objectFit(ImageFit.Fill)

          }
          .backgroundColor(Color.Gray)
          .backdropBlur(0.9)
          .borderRadius(8)

        }
        .width('100%')
        .padding(20)

        Blank()

        Row() {

          Column() {

            Text('蒙特维多')
              .fontSize(25)
              .fontWeight(FontWeight.Bold)
```

```
            .fontColor(Color.White)

        Text('澳大利亚悉尼')
            .fontSize(18)
            .fontColor(Color.White)

    }
    .alignItems(HorizontalAlign.Start)
    .padding(20)

    Blank()
  }
  .width('100%')

  }
  .width(220)
  .height(290)
  }
}
```

第 3 张卡片如图 19-32 所示。

图 19-32　第 3 张卡片

此时可以发现拖动到最右端后卡片与边框之间没有边距，增加 List 的外边距，完整 List
代码如下：

//第 19 章/cardslist.cj

```
List(space: 20) {

    ListItem() {

      Stack() {
        Image($r("app.media.item1"))
          .width(220)
          .height(290)
          .objectFit(ImageFit.Fill)
          .borderRadius(14)

        Column() {

          Row() {

            Blank()

            Row() {

              Image($r("app.media.heart_white"))
                .width(32)
                .height(32)
                .objectFit(ImageFit.Fill)

            }
            .backgroundColor(Color.Gray)
            .backdropBlur(0.9)
            .borderRadius(8)

          }
          .width('100%')
          .padding(20)

          Blank()

          Row() {

            Column() {

              Text('圣胡安')
                .fontSize(25)
                .fontWeight(FontWeight.Bold)
                .fontColor(Color.White)
```

```
                    Text('美国阿拉巴马')
                      .fontSize(18)
                      .fontColor(Color.White)


                  }
                  .alignItems(HorizontalAlign.Start)
                  .padding(20)

                  Blank()
                }
                .width('100%')


              }
              .width(220)
              .height(290)




            }


          }

          ListItem() {

            Stack() {
              Image($r("app.media.item2"))
                .width(220)
                .height(290)
                .objectFit(ImageFit.Fill)
                .borderRadius(14)

              Column() {

                Row() {

                  Blank()

                  Row() {

                    Image($r("app.media.heart_white"))
                      .width(32)
                      .height(32)
```

```
            .objectFit(ImageFit.Fill)

        }
        .backgroundColor(Color.Gray)
        .backdropBlur(0.9)
        .borderRadius(8)

    }
    .width('100%')
    .padding(20)

    Blank()

    Row() {

        Column() {

            Text('海边公寓')
                .fontSize(25)
                .fontWeight(FontWeight.Bold)
                .fontColor(Color.White)

            Text('圭亚那科里亚博')
                .fontSize(18)
                .fontColor(Color.White)

        }
        .alignItems(HorizontalAlign.Start)
        .padding(20)

        Blank()
    }
    .width('100%')

}
.width(220)
.height(290)


}

}
```

```
ListItem() {

  Stack() {
    Image($r("app.media.item3"))
      .width(220)
      .height(290)
      .objectFit(ImageFit.Fill)
      .borderRadius(14)

    Column() {

      Row() {

        Blank()

        Row() {

          Image($r("app.media.heart_white"))
            .width(32)
            .height(32)
            .objectFit(ImageFit.Fill)

        }
        .backgroundColor(Color.Gray)
        .backdropBlur(0.9)
        .borderRadius(8)

      }
      .width('100%')
      .padding(20)

      Blank()

      Row() {

        Column() {

          Text('蒙特维多')
            .fontSize(25)
            .fontWeight(FontWeight.Bold)
            .fontColor(Color.White)
```

```
                Text('澳大利亚悉尼')
                    .fontSize(18)
                    .fontColor(Color.White)


                }
                .alignItems(HorizontalAlign.Start)
                .padding(20)


                Blank()
            }
            .width('100%')


        }
        .width(220)
        .height(290)



    }


}

}
.margin(20)
.listDirection(Axis.Horizontal)
```

卡片列表滑动的最左端，如图 19-33 所示。

图 19-33　卡片列表滑动至最左端

卡片列表滑动的最右端，如图 19-34 所示。

可以看到预览中标题不可见，这是因为暂时还未切换到整个页面带背景色的情况下，此时可以切换成暗黑模式，以便查看标题栏，如图 19-35 所示。

图 19-34　卡片列表滑动至最右端　　　　图 19-35　暗黑模式下卡片标题可见

19.3.6　选项卡组件

在 pages 下新建 tabbar.cj，作为底部选项卡的组件源文件。选项卡的所有组件都在一个行容器中，其中第 1 项是熟悉的渐变色按钮，左侧也配了一个图标，代码如下：

```
//第19章/tabbar.cj
Row() { //行容器

    Blank()

    Image($r("app.media.home"))        //首页图标
      .width(28)
      .height(28)
      .margin(left:5)

    Text('主页')
      .fontSize(16)
      .fontColor(Color.White)          //白色
      .fontWeight(FontWeight.Bold)      //粗体字
      .padding(left:10)
```

```
    Blank()

  }
  .borderRadius(27)  //圆角
  .width(126)
  .height(48)
  .margin(10)
  .linearGradient({ //与其他渐变按钮一致的参数
    angle: 180,
    direction: GradientDirection.Bottom,
    colors: [[0x00F4FF,0],[0x00ADB5,1]]
  })
```

选项卡的"主页"按钮如图 19-36 所示。

图 19-36 选项卡的"主页"按钮

第 2 项收藏按钮的代码如下：

```
Image($r("app.media.heart"))
  .width(28)
  .height(28)
  .objectFit(ImageFit.Fill)
```

选项卡的"收藏"按钮如图 19-37 所示。

图 19-37 选项卡的"收藏"按钮

第 3 项购物车按钮的代码如下：

```
Image($r("app.media.cart"))
      .width(28)
      .height(28)
      .objectFit(ImageFit.Fill)
```

选项卡的"购物车"按钮如图 19-38 所示。

图 19-38 选项卡的"购物车"按钮

最后一项个人按钮的代码如下：

```
Image($r("app.media.user"))
    .width(28)
    .height(28)
    .objectFit(ImageFit.Fill)
```

选项卡的"个人"按钮如图 19-39 所示。

图 19-39　选项卡的"个人"按钮

选项卡的整体效果如图 19-40 所示。

图 19-40　选项卡

需要在各图标间插入 Blank，以便均匀地分布在一行以内，选项卡代码如下：

```
//第19章/tabbar2.cj
@Entry
@Component
class Tabbar { //选项卡
  func build() {

    Row() {

      Row() {

        Blank()

        Image($r("app.media.home"))
          .width(28)
          .height(28)
          .margin(
            left:5
          )

        Text('主页')
          .fontSize(16)
          .fontColor(Color.White)
```

```
        .fontWeight(FontWeight.Bold)
        .padding({left:10})

    Blank()

  }
  .borderRadius(27)
  .width(126)
  .height(48)
  .margin(10)
  .linearGradient(
    angle: 180,
    direction: GradientDirection.Bottom,
    colors: [[0x00F4FF,0],[0x00ADB5,1]]
  )

  Blank()

  Image($r("app.media.heart"))
    .width(28)
    .height(28)
    .objectFit(ImageFit.Fill)

  Blank()

  Image($r("app.media.cart"))
    .width(28)
    .height(28)
    .objectFit(ImageFit.Fill)

  Blank()

  Image($r("app.media.user"))
    .width(28)
    .height(28)
    .objectFit(ImageFit.Fill)

  Blank()

}
.width('100%')
.height('100%')
```

```
    }
  }
```

均匀分布的选项卡如图 19-41 所示。

图 19-41　均匀分布的选项卡

19.3.7　首页的调整优化

将上述组件依次导入 index.cj 的 Home 组件中，代码如下：

```
//第19章/home.cj
from './nav.cj' import Nav              //导入导航组件
from './slogan.cj' import Slogan        //导入口号文字组件
from './searchbar.cj' import Searchbar  //导入搜索条组件
from './filter.cj' import Filter        //导入筛选按钮栏
from './card.cj' import Card            //导入推荐卡片列表组件
from './tabbar.cj' import Tabbar        //导入选项卡组件


@Entry
@Component
class Home {            //首页组件
  func build() {
    Column() {          //列容器
      Nav()             //导航
      Slogan()          //口号文字
      Searchbar()       //搜索条
      Filter()          //筛选栏
      Card()            //推荐卡片
      Tabbar()          //选项卡
    }
    .width('100%')
    .height('100%')
  }
}
```

注意，此时预览效果如果存在不适配屏幕的情况，则可按需对每个子组件的字体、尺寸、边距等进行微调。首页如图 19-42 所示。

设置为非暗黑模式，如图 19-43 所示。

图 19-42　调整优化布局后的首页（暗黑模式）　　　图 19-43　调整优化布局后的首页（正常模式）

此时需要调整首页整体的背景色，以达到在暗黑模式和正常模式下统一的背景效果，代码如下：

```
//第19章/home2.cj
from './nav.cj' import Nav
from './slogan.cj' import Slogan
from './searchbar.cj' import Searchbar
from './filter.cj' import Filter
from './card.cj' import Card
from './tabbar.cj' import Tabbar

@Entry
@Component
class Home {
  func build() {
```

```
  Column() {
    Nav()
    Slogan()
    Searchbar()
    Filter()
    Card()
    Tabbar()
  }
  .width('100%')
  .height('100%')
  .backgroundColor('#252A39')//背景色，以便正常与暗黑模式统一
}
}
```

最终调整后的首页如图 19-44 所示。

图 19-44 首页（加背景色）

19.4　详情页

详情页由全屏的背景图、导航栏、缩略图列表和详情卡片堆叠而成。要创建组件，依照惯例，在 pages 目录下新建源码文件 detail.cj。

19.4.1　导航栏

在 pages 目录下新建源码文件 nav2.cj。导航栏由返回按钮和用户头像在一列内组成。首先实现返回按钮，代码如下：

```
//第19章/detailrow.cj
Row() { //行容器

    Blank()

    Image($r("app.media.back")) //返回图标
      .width(32)
      .height(32)
      .objectFit(ImageFit.Contain)

    Blank()
}
.width(52)
.height(52)
.backgroundColor(Color.Gray)      //灰色背景
.backdropBlur(0.8)                //模糊效果
.borderRadius(8)                  //圆角
```

导航栏"返回"按钮如图 19-45 所示。

图 19-45　导航栏"返回"按钮

加上右侧头像中间的间距，以及导航栏行容器整体的内边距，代码如下：

```
//第19章/detailnav.cj
@Entry
@Component
classNav2 { //详情页的导航栏
  build() {
```

```
Row() { //行容器

    Row() { //返回按钮行容器

        Blank()

        Image($r("app.media.back"))
            .width(32)
            .height(32)
            .objectFit(ImageFit.Contain)

        Blank()
    }
    .width(52)
    .height(52)
    .backgroundColor(Color.Gray)
    .backdropBlur(0.8)
    .borderRadius(8)

    Blank()

    Image($r("app.media.avatar"))
        .width(44)
        .height(44)
        .objectFit(ImageFit.Contain)

    }
    .width('100%')
    .padding(20)

  }
}
```

导航栏如图 19-46 所示。

图 19-46　导航栏

19.4.2 缩略图列表

缩略图列表由 4 张带边框的小图排成一行组成。在 pages 下新建 thumb.ets 文件，先实现单个的缩略图，代码如下：

```
Image($r("app.media.cover1"))
      .width(50).height(50)
      .objectFit(ImageFit.Fill)
      .borderRadius(8)  //圆角
```

缩略图如图 19-47 所示。

图 19-47　缩略图

把图片装入一个 Row，再设置一个内边距即可便捷地创建一个描边的效果，代码如下：

```
//第19章/thumbrow.cj
Row() {
      Image($r("app.media.cover1"))
       .width(50)
       .height(50)
       .objectFit(ImageFit.Fill)
       .borderRadius(8)
}
.borderRadius(8)                    //圆角
.backgroundColor(Color.Gray)        //灰色背景
.padding(5)                         //内边距
```

缩略图描边如图 19-48 所示。

图 19-48　缩略图描边

把其他缩略图都加上，代码如下：

```
//第19章/thumb.cj
@Entry
@Component
```

```
class Thumb {

func build() {

    Flex(
      direction: FlexDirection.Row,
      alignItems: ItemAlign.Center,
      justifyContent: FlexAlign.SpaceAround
    ) {

      Row() {

        Image($r("app.media.cover1"))
          .width(50)
          .height(50)
          .objectFit(ImageFit.Fill)
          .borderRadius(8)

      }
      .borderRadius(8)
      .backgroundColor(Color.Gray)
      .padding(5)

      Row() {

        Image($r("app.media.cover2"))
          .width(50)
          .height(50)
          .objectFit(ImageFit.Fill)
          .borderRadius(8)

      }
      .borderRadius(8)
      .backgroundColor(Color.Gray)
      .padding(5)

      Row() {

        Image($r("app.media.cover3"))
          .width(50)
          .height(50)
          .objectFit(ImageFit.Fill)
          .borderRadius(8)
```

```
    }
    .borderRadius(8)
    .backgroundColor(Color.Gray)
    .padding(5)

    Row() {

      Image($r("app.media.cover4"))
        .width(50)
        .height(50)
        .objectFit(ImageFit.Fill)
        .borderRadius(8)

    }
    .borderRadius(8)
    .backgroundColor(Color.Gray)
    .padding(5)

  }
  .padding(left: 30, right:30)
  .width('100%')


  }
}
```

缩略图列表如图 19-49 所示。

图 19-49　缩略图列表

19.4.3　详情卡片

在 pages 下新建 infoCard.cj 源文件。首先实现卡片容器，高度是屏幕高度的一半，有主题背景色，代码如下：

```
Column() {}
    .backgroundColor('#262A39')    //主题背景色
    .borderRadius(44)              //圆角
```

```
.width('100%').height('50%')
```

信息卡片容器如图19-50所示。

图 19-50　信息卡片容器

卡片标题由左侧文字区域和右侧收藏按钮组成，代码如下：

```
//第19章/detailcardrow.cj
Row() { //行容器

    Column() { //文字列

      Text('蒙特维多庄园')
        .fontSize(30)
        .fontWeight(FontWeight.Bold)
        .fontColor(Color.White)

      Text('澳大利亚悉尼')
        .fontSize(15)
        .fontColor('#767D92')

    }
    .alignItems(HorizontalAlign.Start) //左对齐
    .padding(20)

    Blank()

    Column() { //收藏按钮容器

      Image($r("app.media.bookmark")) //收藏图标
        .height(32)
        .width(32)
```

```
            .objectFit(ImageFit.Contain)

        }
        .padding(10)
        .borderRadius(8)  //圆角
        .backgroundColor('#2D3344')

    }
    .width('100%')
    .padding(right:20)
```

信息卡片标题如图 19-51 所示。

图 19-51 信息卡片标题

标题下方是参观人的头像和人数，注意头像应依次叠加在另一个之上，视觉效果像是一串圆形硬币向右展开，先放置一个行容器、左侧的 Stack 容器和一个头像，代码如下：

```
//第 19 章/detailcardrowstack.cj
Row() {  //行容器
    Stack() {
        Image($r("app.media.avatar")) //人物头像图标
            .height(40)
            .width(40)
            .borderRadius(20)  //圆角
            .objectFit(ImageFit.Contain)

    }
```

```
    }
    .width('100%')
    .padding(20)
```

信息卡片参团单个头像如图 19-52 所示。

图 19-52　信息卡片参团单个头像

然后依次挨个叠加其他头像，简单起见可以使用封面的图来作为其他头像的后续，要注意挨个相对于左侧的边距偏移，即 translate 属性中的 x 轴偏移值，代码如下：

```
//第 19 章/detailcardrowfull.cj
Row() {  //行容器
    Stack() {  //堆叠容忍，用于实现把一个图标堆在另一个图标之上
      Image($r("app.media.item3"))    //参团示意图标
        .height(40)
        .width(40)
        .borderRadius(20)              //圆角
        .objectFit(ImageFit.Fill)

      Image($r("app.media.cover1"))    //参团示意图标
        .height(40)
        .width(40)
        .borderRadius(20)              //圆角
        .objectFit(ImageFit.Fill)
```

```
        .translate(x: 25)                    //x轴偏移

    Image($r("app.media.cover2"))   //参团示意图标
        .height(40)
        .width(40)
        .borderRadius(20)                    //圆角
        .objectFit(ImageFit.Fill)
        .translate(x: 50)                    //x轴偏移

    Image($r("app.media.cover3"))   //参团示意图标
        .height(40)
        .width(40)
        .borderRadius(20)                    //圆角
        .objectFit(ImageFit.Fill)
        .translate(x: 75)                    //x轴偏移

    Image($r("app.media.item1"))
        .height(40)
        .width(40)
        .borderRadius(20)
        .objectFit(ImageFit.Fill)
        .translate({x: 100})

    Image($r("app.media.avatar"))
        .height(40)
        .width(40)
        .borderRadius(20)
        .objectFit(ImageFit.Fill)
        .translate({x: 125})

  }
  .height(40)

  Blank()

  Text('50人参团')
    .fontColor('#00ADB5')
    .fontSize(14)
    .fontWeight(FontWeight.Bold)

}
.width('100%')
.padding(20)
```

信息卡片参团，多个连续头像叠加，如图19-53所示。

图19-53　信息卡片参团多个连续头像叠加

接下来是详情描述区，布局与标题类似，代码如下：

```
//第19章/detailcardtextcol.cj
Column(){          //文字列容器

    Row() {    //行容器

      Text('描述')
        .fontSize(18)
        .fontWeight(FontWeight.Bold)  //粗体字
        .fontColor(Color.White)        //白色文字

      Blank()

      Text('看更多')
        .fontSize(16)
        .fontColor('#00ADB5')

    }
    .width('100%')
    .padding({bottom: 20})
```

```
        Text('蒙特维多乡村庄园是一个宁静的，位于生态保护区附近的舒适度假酒店，此处的赛
若普兰诺地区以蒙特维多蝴蝶花园而闻名于世。')
            .fontSize(15)
            .fontColor('#767D92')

    }
    .alignItems(HorizontalAlign.Start) //左对齐
    .padding(left:20, right: 20)           //左右内边距20
```

信息卡片详情描述区如图 19-54 所示。

图 19-54　信息卡片详情描述区

卡片的最后一部分是价格和预订按钮，其中按钮保持整个设计中统一的渐变色，代码
如下：

```
//第 19 章/detailcardprice.cj
Row() { //行容器

    Column() { //文字列容器

      Text('定价')
        .fontSize(18)
        .fontColor('#767D92')

      Text('$20/晚')
        .fontSize(22)
        .fontWeight(FontWeight.Bold)
        .fontColor(Color.White)
```

```
        }
        .alignItems(HorizontalAlign.Start) //左对齐

        Blank()


    }
    .width('100%')
    .padding(left:20, right: 20, bottom:30)
```

信息卡片价格如图 19-55 所示。

图 19-55　信息卡片价格

渐变按钮的代码如下：

```
//第19章/detailorderbtn.cj
Column() {

        Blank()

        Text('现在预订')
          .fontSize(18)
          .fontColor(Color.White)
          .fontWeight(FontWeight.Bold)

        Blank()

    }
    .borderRadius(18)
    .width(188)
```

```
        .height(52)
        .linearGradient(
          angle: 180,
          direction: GradientDirection.Bottom,
          colors: [[0x00F4FF,0],[0x00ADB5,1]]
        )
```

信息卡片预订按钮如图 19-56 所示。

图 19-56　信息卡片预订按钮

19.4.4　组合

把上述组件依次导入 detail.cj 的 Detail 组件中，代码如下：

```
//第 19 章/detail.cj
from './nav2.cj' import Nav2            //导入导航
from './thumb.cj' import Thumb          //导入缩略图列表
from './infocard.cj' import InfoCard    //导入详情卡片

@Entry
@Component
class Detail {                          //详情页组件
  func build() {

    Stack() {                           //堆叠容器

      Image($r("app.media.cover4"))     //背景图
        .objectFit(ImageFit.Fill)

      Column() {                        //列容器
```

```
        Nav2()            //导航

        Blank()           //空白

        Thumb()           //缩略图列表

        InfoCard()        //详情卡片

      }
      .width('100%')
      .height('100%')

  }
  .width('100%')
  .height('100%')
  }
}
```

初次组合的详情页如图 19-57 所示。

图 19-57　初次组合的详情页

缩略图与卡片之间好像没有间隙，直接在两者之间插入 Blank 并不能达到设计的精准空隙，可以调整缩略图组件整体的顶边距。

优化后的详情页预览如图 19-58 所示。

图 19-58　优化后的详情页

第 20 章

仓颉 UI 案例：生鲜配送网

本章展示一个大屏幕尺寸的网站页面：生鲜配送网。与手机屏幕的小尺寸不同，网站可显示的内容更多，图片尺寸更大，表现形式也可以更大方简洁。CangjieUI 框架当然也支持此类大尺寸页面的制作。

简单起见，本章以生鲜配送网的首页为例，介绍在 CangjieUI 中如何利用 Pad 尺寸的预览，制作网站类 UI 的技巧。

设计效果图的首页上半部分如图 20-1 所示。

图 20-1　首页上半部分

设计效果图的首页下半部分如图 20-2 所示。

图 20-2　首页下半部分

20.1　资源导入

本案例为了简单起见，文字与颜色直接写在代码中，仅图片资源需要导入，将全部所需图片拖到资源文件夹的 media 子目录中，如图 20-3 所示。

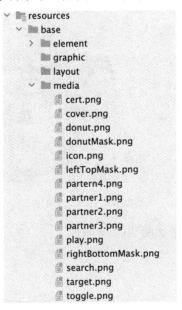

图 20-3　资源文件夹中的图片（除既有的 icon.png 外）

20.2　首页结构

在新建工程时，选中"Tablet"（平板）作为默认显示设备，虽然手机页面与大屏网页区别比较大，但是布局结构在思路上并不需要大的改变。

使用既有的 index.cj 入口页作为首页，分析页面的层次结构，可按上、中、下3部分依次入列，即采用 Column 布局。

网页的顶部有导航，直觉上属于上部分，不过由于网页比较长，所以用户可以向下滑动，在大部分实际应用场景中导航能随着用户滑动到下半部分而保持在顶部，灵活起见可将导航放在整个页面层次结构之上。

依此思路布局，代码整体上是一个 Stack，内容部分采用 Column 结构，结构骨架代码如下：

```
//第20章/struct.cj
Stack {            //堆叠结构

    Column(){      //内容列

        Top()      //上

        Mid()      //中

        Bottom()  //下

    }

    Nav()          //导航菜单

}
```

20.3　导航

导航本身的内容在一行之内，不过由于有一个光源垂直照射产生的阴影效果，所以依照设计，依旧要在其下放置一个略短的同类型结构，背景色略淡。

依此思路布局，代码整体上是一个 Stack，内容部分采用 Row 结构，结构骨架代码如下：

```
//第20章/navstack.cj
Stack {            //堆叠结构

Shadow()           //阴影
```

```
Row(){            //内容列

    Left()        //左

    Center()      //中

    Right()       //右

    }
}
```

要创建组件，依照惯例，在 pages 目录下新建源码文件 nav.cj。

20.3.1　阴影层

阴影层相对于菜单的背景层透明度为 0.5，并有半径为 20 的圆角，代码如下：

```
//第20章/shadow.cj
Column() {
    }
    .width(750)
    .height(150)
    .backgroundColor('#1F242B')      //背景色
    .borderRadius(20)                //圆角
    .opacity(0.5)                    //半透明
```

阴影层如图 20-4 所示。

图 20-4　阴影层

20.3.2　菜单层

为了制造出阴影的效果，将菜单层的位置往垂直方向（y轴）再上移20，代码如下：

```
//第20章/menurow.cj
Row() { //行容器
    }
    .width(800)
    .height(150)
    .backgroundColor('#1F242B')       //背景色
    .borderRadius(20)                 //圆角
    .offset(y: -20)                   //y轴位移，向上20
```

菜单层如图 20-5 所示。

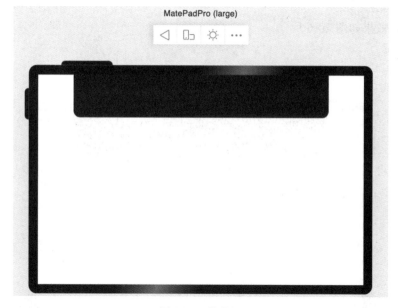

图 20-5　菜单层

20.3.3　菜单阴影效果

将上述两层合并于 Stack 内，形成阴影效果，代码如下：

```
//第20章/menustack.cj
Stack() { //堆叠层

    Column() {
    }
    .width(750)
    .height(150)
```

```
    .backgroundColor('#1F242B')
    .borderRadius(20)
    .opacity(0.5)

    Row() {
    }
    .width(800)
    .height(150)
    .backgroundColor('#1F242B')
    .borderRadius(20)
    .offset(y: -20)

}
.width('100%')
```

菜单阴影效果如图 20-6 所示。

图 20-6　菜单阴影效果

20.3.4　菜单内容

菜单内容左侧是一个开关图标，距离菜单左侧边距为 40，代码如下：

```
Image($r("app.media.toggle"))
    .width(64)
    .height(39)
    .margin(left:40)
```

菜单层左侧图标如图 20-7 所示。

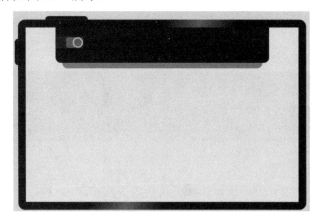

图 20-7 菜单层左侧图标

中间的文字单独组成一行，间距为 20，宽度设为总宽度的 60%，代码如下：

```
//第 20 章/menurow1.cj
Row(space: 20) { //行容器，间距为 20

        Blank() //间距

        Text('首页')
          .fontSize(20)
          .fontColor(Color.White) //白色字体

        Text('关于')
          .fontSize(20)
          .fontColor(Color.White) //白色字体

        Text('菜单')
          .fontSize(20)
          .fontColor(Color.White) //白色字体

        Text('主厨')
          .fontSize(20)
          .fontColor(Color.White) //白色字体

        Text('文化')
          .fontSize(20)
          .fontColor(Color.White) //白色字体

        Blank()//间距
```

```
        }
      .width('60%')
```

菜单层文字段如图 20-8 所示。

图 20-8　菜单层文字段

菜单层最右侧是一个红色大按钮，距离菜单最右侧边距为 40，这样便与左侧图标形成对称，代码如下：

```
//第20章/contact.cj
Button() {  //按钮
      Text('联系我们')
        .fontColor(Color.White)    //白色文字
        .fontSize(20)
      }
      .width(170)
      .height(58)
      .backgroundColor('#FF5146')    //背景色
      .borderRadius(7)               //圆角
      .type(ButtonType.Normal)       //默认按钮样式
      .margin(right:40)              //右边距
```

菜单层按钮如图 20-9 所示。

图 20-9　菜单层按钮

再给这 3 个组件之间插入空白，导航栏的代码如下：

```
//第20章/nav.cj
@Entry
@Component
class Nav {  //导航
  func build() {

    Stack() {
```

```
Column() {
}
.width(750)
.height(150)
.backgroundColor('#1F242B')
.borderRadius(20)
.opacity(0.5)

Row() {

  Image($r("app.media.toggle"))
    .width(64)
    .height(39)
    .margin(left:40)

  Blank()

  Row(space: 20) {

    Blank()

    Text('首页')
      .fontSize(20)
      .fontColor(Color.White)

    Text('关于')
      .fontSize(20)
      .fontColor(Color.White)

    Text('菜单')
      .fontSize(20)
      .fontColor(Color.White)

    Text('主厨')
      .fontSize(20)
      .fontColor(Color.White)

    Text('文化')
      .fontSize(20)
      .fontColor(Color.White)

    Blank()
```

```
      }
      .width('60%')

      Blank()

      Button() {
        Text('联系我们')
          .fontColor(Color.White)
          .fontSize(20)
      }
      .width(170)
      .height(58)
      .backgroundColor('#FF5146')
      .borderRadius(7)
      .type(ButtonType.Normal)
      .margin(right:40)

    }
    .width(800)
    .height(150)
    .backgroundColor('#1F242B')
    .borderRadius(20)
    .offset(y: -20)

  }
  .width('100%')

}

}
```

20.4 上半部分

上半部分页面看起来层次非常丰富，这对布局也提出了更高的要求。不过，无论层次有多丰富，都可以通过行、列和层的相互交错堆叠实现。

要创建组件，依照惯例，在 pages 目录下新建源码文件 up.cj。

笔者选择的整体骨架结构依旧沿用 Stack 分层，每层使用 Column 或 Row 来继续分解，框架代码如下：

```
Stack{          //页面上半部分
```

```
    Back()    //背景图片层

    Theme()   //主题文字层

}
```

20.4.1　背景图片层

背景图片层有 3 张交错的图片，最底层的是左侧的曲线状填充，代码如下：

```
//第 20 章/upstack.cj
Stack() { //堆叠代码

    Row() {

      Image($r("app.media.leftTopMask"))
        .width(703)
        .objectFit(ImageFit.Fill)

      Blank()

    }
    .width('100%')

}
.width('100%')
.height('100%')
```

背景图片的最底层如图 20-10 所示。

图 20-10　背景图片的最底层

但是对比设计图，可观察到图片并没有完全被显示出来，而是往左侧有一定的偏移，代码如下：

```
//第20章/upstackoffset.cj
Stack() { //堆叠容器

    Row() {

        Image($r("app.media.leftTopMask")) //左上背景图
            .width(703)
            .objectFit(ImageFit.Fill)
            .offset(x: -150) //x轴左侧偏移

        Blank()

    }
    .width('100%')

}
.width('100%')
.height('100%')
```

添加偏移后的预览如图 20-11 所示。

图 20-11　背景图片最底层（往左偏移）

右侧蔬菜水果图片的左侧有一部分覆盖在最底层图片之上，代码如下：

```
//第20章/upstackcover.cj
Row() { //行容器

        Blank()

        Image($r("app.media.cover")) //封面大图
```

```
        .width(649)
        .objectFit(ImageFit.Fill)

    }
    .width('100%')
```

背景图片封面大图预览如图 20-12 所示。

图 20-12 背景图片封面大图

在这两个图层之上，还有一个认证徽章，代码如下：

```
Column() { //列容器
  Image($r("app.media.cert")) //认证的图标
    .width(134).objectFit(ImageFit.Contain)
}.width('100%')
```

背景图片和认证徽章如图 20-13 所示。

图 20-13 背景图片和认证徽章

对比设计图，认证徽章需要在左上方有一定的偏移，代码如下：

```
Column() {
    Image($r("app.media.cert"))
        .width(134) .objectFit(ImageFit.Contain)
        .offset(x: -150, y: -150) //x轴左移，y轴上移
    }.width('100%')
```

调整后的背景图片和认证徽章如图 20-14 所示。

图 20-14　背景图片和认证徽章（左上偏移）

背景图片层整体还需要主题色背景，蔬菜图片高度需要与左侧曲线块一致，代码如下：

```
.backgroundColor('#F9F4E5') //加上背景色
```

优化后的背景图片层如图 20-15 所示。

图 20-15　背景图片层（优化后）

20.4.2 主题文字层

网页的主题文字列的布局非常简单，注意其中的"超快"和"配送"因为颜色不同，所以拆分成两段不同的 Text 后组合在一行之内，代码如下：

```
//第20章/uptextcol.cj
Column() { //文字列容器

        Text('轻松追踪物流')
          .fontSize(14)
          .fontColor('#FF5146')

        Row() { //文字行容器

          Text('超快')
            .fontSize(40)

          Text('配送')
            .fontSize(40)
            .fontColor('#FF5146')
        }

        Text('&')
          .fontSize(40)

        Text('直送上门')
          .fontSize(40)

        Text("无论您身在哪个城市，24 小时内蔬菜瓜果、\n 肉食禽蛋，我们都将风雨无阻，准
时送达。\n100%新鲜，100%有机，100%源头")
          .fontSize(14)
          .fontWeight(FontWeight.Lighter)//细字体
          .padding(top: 20)              //顶边距
    }
    .alignItems(HorizontalAlign.Start) //左对齐
    .padding(left: 60)                 //左边距60
    .width('100%')
```

主题文字如图 20-16 所示。

文字列下方在一行内有两个按钮，第 1 个搜索按钮的文字覆盖在按钮背景之上，代码如下：

图 20-16　主题文字

```
//第20章/upsearchrow.cj
Row() {

        Image($r("app.media.search")) //搜索图标
          .height(17)
          .width(17)
          .objectFit(ImageFit.Contain)
          .margin(right: 20)              //右边距

        Text('查找分店')
          .fontColor(Color.White)

    }
    .borderRadius(27)                      //圆角
    .height(40)
    .backgroundColor('#FF5146')           //背景色
    .width(160)
    .padding(left: 20)                     //左内边距
    .margin(top: 30)                       //顶外边距
```

搜索按钮如图 20-17 所示。

图 20-17　搜索按钮

与搜索按钮在同一行内右侧的是下单按钮，下单按钮左侧有一个播放图片，代码如下：

```
//第20章/play.cj
Row() { //行容器

        Image($r("app.media.play")) //播放按钮图标
          .height(45)
          .width(45)
          .objectFit(ImageFit.Contain)

        Text('如何下单？')

    }
```

播放按钮如图 20-18 所示。

播放按钮正常布局，将其放在按钮组内，并且加上按钮阴影效果，代码如下：

```
//第20章/playbtn.cj
Row(space: 15) { //行容器，用于按钮组，间距15

    Row() { //行容器，用于搜索按钮

      Image($r("app.media.search")) //搜索图标
        .height(17)
```

图 20-18　播放按钮

```
      .width(17)
      .objectFit(ImageFit.Contain)
      .margin(right: 20, left: 20)//外边距，左右各为20


    Text('查找分店')
      .fontColor(Color.White)

}
.borderRadius(27)                   //圆角
.height(40)
.backgroundColor('#FF5146')//背景色
.width(160)
.shadow(                            //阴影
    radius: 20,                     //圆角
    offsetX: 5,                     //x轴位移，右移
    offsetY: 5,                     //y轴位移，下移
    color: Color.Gray,              //灰色
)

Row() {                             //行容器，用于播放按钮
```

```
Image($r("app.media.play")) //播放图标
    .height(45)
    .width(45)
    .objectFit(ImageFit.Contain)

Text('如何下单？')

    }

}
.margin(top: 30) //按钮组的顶边距
```

按钮组的预览如图 20-19 所示。

图 20-19　按钮组

20.4.3　右侧指示图片层

在蔬菜图片的上方有一个指示图片，想要指示图片到达指定的水果位置，需要同时调整它的容器，即列在水平和垂直方向的偏移量（offset），代码如下：

```
//第20章/target.cj
Column() { //列容器

    Image($r("app.media.target")) //靶心的图标
```

```
        .objectFit(ImageFit.Contain)
        .width(260)
        .height(150)
    }
    .alignItems(HorizontalAlign.End)        //右对齐
    .offset(x: -125, y: -130)               //x轴左移，y轴上移
    .width('100%')
```

指示图片如图 20-20 所示。

图 20-20　指示图片

20.4.4　组合

至此，上半部分所用到的子组件已经完成，组合起来的代码如下：

```
//第20章/up.cj
from './nav.cj' import Nav //导入导航组件

@Entry
@Component
class Up {          //页面上半部分的组件
    func build() {

    Stack() {       //堆叠组件
```

```
Stack() {

  Row() {

    Image($r("app.media.leftTopMask"))
      .width(703)
      .objectFit(ImageFit.Fill)
      .offset(x: -150)

    Blank()

  }
  .width('100%')

  Row() {

    Blank()

    Image($r("app.media.cover"))
      .width(649)
      .objectFit(ImageFit.Fill)
      .margin(top:120)

  }
  .width('100%')


  Column() {

    Image($r("app.media.cert"))
      .width(134)
      .objectFit(ImageFit.Contain)
      .offset(x: -150, y: -150)

  }
  .width('100%')

}
.width('100%')
.height('100%')
.backgroundColor('#F9F4E5')
```

```
    Column() {

        Text('轻松追踪物流')
            .fontSize(14)
            .fontColor('#FF5146')

        Row() {

            Text('超快')
                .fontSize(40)

            Text('配送')
                .fontSize(40)
                .fontColor('#FF5146')
        }

        Text('&')
            .fontSize(40)

        Text('直送上门')
            .fontSize(40)

        Text("无论您身在哪个城市, 24 小时内蔬菜瓜果、\n 肉食禽蛋，我们都将风雨无阻，准
时送达。\n100%新鲜，100%有机，100%源头")
            .fontSize(14)
            .fontWeight(FontWeight.Lighter)
            .padding(top: 20)

        Row(space: 15) {
            Row() {
                Image($r("app.media.search"))
                    .height(17)
                    .width(17)
                    .objectFit(ImageFit.Contain)
                    .margin(right: 20, left: 20)


                Text('查找分店')
                    .fontColor(Color.White)

            }
            .borderRadius(27)
            .height(40)
```

```
        .backgroundColor('#FF5146')
        .width(160)
        .shadow(
          radius: 20,
          offsetX: 5,
          offsetY: 5,
          color: Color.Gray,
        )

        Row() {
          Image($r("app.media.play"))
            .height(45)
            .width(45)
            .objectFit(ImageFit.Contain)

          Text('如何下单？')
        }

      }
      .margin(top: 30)
    }
    .alignItems(HorizontalAlign.Start)
    .padding(left: 60)
    .width('100%')

    Column() {
      Image($r("app.media.target"))
        .objectFit(ImageFit.Contain)
        .width(260)
        .height(150)
    }
    .alignItems(HorizontalAlign.End)
    .offset(x: -125, y: -130)
    .width('100%')

    Nav()

  }
  .width('100%')
  .height('100%')
  }
}
```

上半部分预览如图 20-21 所示。

图 20-21　上半部分预览

预览后发现导航的位置是居中的，按照设计需要放置到顶部，而且导航相对于页面整体宽度可能过大。

这里的策略是直接修改导航，将默认的居中定位修改到最上方只要把整体置于一个列容器即可，另外将导航整体变短，并将文字尺寸减小，以便更适合整体效果。

nav.cj 修改后的源代码如下：

```
//第 20 章/navnew.cj
@Entry
@Component
class Nav { //导航组件
  func build() {

  Column () {
    Stack() {
     Column() {
     }
     .width(900)
     .height(90)
     .backgroundColor('#1F242B')    //背景色
     .borderRadius(20)              //圆角
     .opacity(0.5)                  //半透明
```

```
Row() {

  Image($r("app.media.toggle"))
    .width(64)
    .height(35)
    .objectFit(ImageFit.Contain)
    .margin(left:40)

  Blank()

  Row({space: 20}) {

    Blank()

    Text('首页')
      .fontSize(15)
      .fontColor(Color.White)

    Text('关于')
      .fontSize(15)
      .fontColor(Color.White)

    Text('菜单')
      .fontSize(15)
      .fontColor(Color.White)

    Text('主厨')
      .fontSize(15)
      .fontColor(Color.White)

    Text('文化')
      .fontSize(15)
      .fontColor(Color.White)

    Blank()

  }
  .width('60%')

  Blank()

  Button() {
    Text('联系我们')
      .fontColor(Color.White)
      .fontSize(14)
  }
```

```
                .width(170)
                .height(45)
                .backgroundColor('#FF5146')
                .borderRadius(7)
                .type(ButtonType.Normal)
                .margin(right:40)

            }
            .width(950)
            .height(100)
            .backgroundColor('#1F242B')
            .borderRadius(20)
            .padding(top: 20)
            .offset(y: -20)

        }
        .width('100%')
    }
    .width('100%')
    .height('100%')
}

}
```

优化后的上半部分预览如图 20-22 所示。

图 20-22　上半部分预览（优化导航后）

由此可见，组件的尺寸和代码基本上很少能一次性满足设计要求，需要组合在一起才能看到最终的效果，读者在实际开发中可能需要花费大量的时间在校准各种 UI 组件上，这是一个反复但必需的过程。

20.5 中间部分

中间部分比较简单，一系列友情链接网站的 logo 图片均匀地占据一行之内的空间。要创建新组件，需要在 pages 下新建 mid.cj，代码如下：

```
//第20章/mid.cj
@Entry
@Component
class Mid {                             //中间部分组件
  func build() {

    Flex(                              //Flex 弹性组件
      direction: FlexDirection.Row,    //水平方向，即按行
      alignItems: ItemAlign.Start,     //垂直方向左对齐
      justifyContent: FlexAlign.Center //水平方向居中对齐
    ) {

      Image($r("app.media.partner1"))   //合作伙伴 1 图片
        .width(249)
        .height(110)
        .objectFit(ImageFit.Fill)

      Image($r("app.media.partner2"))   //合作伙伴 2 图片
        .width(249)
        .height(110)
        .objectFit(ImageFit.Fill)

      Image($r("app.media.partner3"))   //合作伙伴 3 图片
        .width(249)
        .height(110)
        .objectFit(ImageFit.Fill)

      Image($r("app.media.partern4"))   //合作伙伴 4 图片
        .width(249)
        .height(110)
        .objectFit(ImageFit.Fill)
    }
    .width('100%')
```

```
        .height('100%')
        .padding(40)      //内边距 40
    }
}
```

中间部分如图 20-23 所示。

图 20-23　中间部分

20.6　下半部分

下半部分是一系列的甜甜圈卡片列表，这些卡片均匀地占据一行之内的空间。要创建新组件，在 pages 下新建 bottom.cj。

20.6.1　卡片结构

单个卡片是由背景层和内容层叠加而成的，其中内容层为 3 个组件组成的一列，框架代码如下：

```
//第 20 章/bottomstack.cj
Stack { //堆叠容器，用于卡片的层次堆叠

    Image()        //卡片背景

    Column() {     //列容器
```

```
        Image()      //食品图片

        Text()       //食品名

        Button()     //购买按钮
    }
}
```

单个卡片设计预览如图 20-24 所示。

图 20-24　单个卡片设计预览

20.6.2　卡片背景

把卡片背景图置于卡片容器 Stack 的最底层，代码如下：

```
//第 20 章/bottomcardstack.cj
Stack() {

    Image($r("app.media.donutMask"))
      .width(341)
      .height(476)
      .objectFit(ImageFit.Contain)

    }
    .borderRadius(20)
    .backgroundColor('#DC7CFF')
```

```
.width(341)
.height(476)
```

卡片背景如图 20-25 所示。

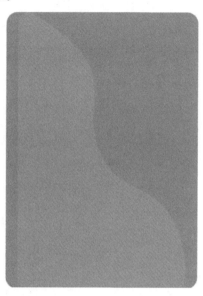

图 20-25　卡片背景

发现图片左侧并未与容器最左侧对齐，当遇到这种情况时可以将图片包含在一个 Row 容器中，并缩短图片的宽度，右侧加入 Blank 组件，以求与设计图一致，代码优化如下：

```
//第 20 章/bottomcardstack2.cj
Stack() {

    Row() {

    Image($r("app.media.donutMask")) //甜甜圈图片
        .width(300)
        .height(476)
        .objectFit(ImageFit.Fill)

    Blank()

    }
    .width('100%')



}
.borderRadius(20) //圆角
```

```
.backgroundColor('#DC7CFF') //背景色
.width(341)
.height(476)
```

优化后的卡片背景如图 20-26 所示。

图 20-26　卡片背景优化

20.6.3　卡片内容

卡片内容的布局在一列之中，注意按钮的阴影效果，以及适当调整间距，代码如下：

```
//第 20 章/bottomcardcol.cj
Column() { //列容器，容纳卡片

    Image($r("app.media.donut"))     //甜甜圈图片
      .width(229)
      .height(182)
      .objectFit(ImageFit.Contain)

    Blank()

    Text('蓝莓甜甜圈')
      .fontSize(32)
      .fontColor(Color.White)        //白色字体
      .fontWeight(FontWeight.Bold)   //粗体字
```

```
    Blank()

    Button(){                 //圆角按钮
      Text('5 折大酬宾')
        .fontSize(18)
        .margin(             //外边距: 左右各为 40, 上下各为 15
          left: 40,
          right: 40,
          top: 15,
          bottom: 15
        )
    }
      .type(ButtonType.Normal)         //默认按钮样式
      .backgroundColor(Color.White) //背景色: 白色
      .borderRadius(10)              //圆角
      .width(232)
      .height(60)
      .shadow(                 //阴影
        radius: 25,            //半径 25
        color: Color.Gray      //灰色
      )

}
.height('80%')
```

卡片内容完善后的预览如图 20-27 所示。

图 20-27　卡片内容完善

参照第 1 张卡片来构建第 2 张卡片，代码如下：

```
//第20章/bottomcardstack3.cj
Stack() {

    Row() {

      Image($r("app.media.donutMask"))
        .width(300)
        .height(476)
        .objectFit(ImageFit.Fill)

      Blank()

    }
    .width('100%')

    Column() {

      Image($r("app.media.donut"))
        .width(229)
        .height(182)
        .objectFit(ImageFit.Contain)

      Blank()

      Text('巧克力甜甜圈')
        .fontSize(32)
        .fontColor(Color.White)
        .fontWeight(FontWeight.Bold)

      Blank()

      Button(){
        Text('5 折大酬宾')
          .fontSize(18)
          .margin(
            left: 40,
            right: 40,
            top: 15,
            bottom: 15
          )
      }
```

```
        .type(ButtonType.Normal)
        .backgroundColor(Color.White)
        .borderRadius(10)
        .width(232)
        .height(60)
        .shadow(
          radius: 25,
          color: Color.Gray
        )

      }
      .height('80%')

  }
  .borderRadius(20)
  .backgroundColor('#7CD8FF')
  .width(341)
  .height(476)
```

第 2 张卡片如图 20-28 所示。

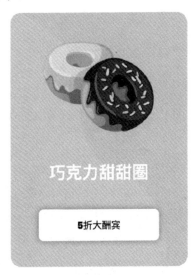

图 20-28　第 2 张卡片

第 3 张卡片的代码如下：

```
//第 20 章/bottomcardstack4.cj
Stack() {

    Row() {
```

```
    Image($r("app.media.donutMask"))
      .width(300)
      .height(476)
      .objectFit(ImageFit.Fill)

    Blank()

}
.width('100%')

Column() {

  Image($r("app.media.donut"))
    .width(229)
    .height(182)
    .objectFit(ImageFit.Contain)

  Blank()

  Text('草莓甜甜圈')
    .fontSize(32)
    .fontColor(Color.White)
    .fontWeight(FontWeight.Bold)

  Blank()

  Button(){
    Text('4 折大酬宾')
      .fontSize(18)
      .margin(
        left: 40,
        right: 40,
        top: 15,
        bottom: 15
      )
  }
  .type(ButtonType.Normal)
  .backgroundColor(Color.White)
  .borderRadius(10)
  .width(232)
  .height(60)
  .shadow(
```

```
            radius: 25,
            color: Color.Gray
        )


    }
    .height('80%')


}
.borderRadius(20)
.backgroundColor('#BAFF7C')
.width(341)
.height(476)
```

第 3 张卡片如图 20-29 所示。

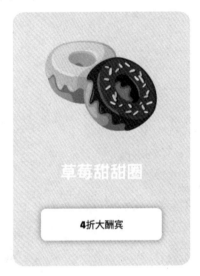

图 20-29　第 3 张卡片

20.6.4　卡片列表

把上面的 3 张卡片放入一行之中，即是下半部分的代码：

```
//第 20 章/bottom.cj
@Entry
@Component
class Bottom { //下半部分
  func build() {
    Flex( //弹性组件
      direction: FlexDirection.Row,  //方向：水平
      alignItems: ItemAlign.Center,  //垂直方向居中
```

```
      justifyContent: FlexAlign.Center //水平方向居中
) {

  Stack() {

    Row() {

      Image($r("app.media.donutMask"))
        .width(300)
        .height(476)
        .objectFit(ImageFit.Fill)

      Blank()

    }
    .width('100%')

    Column() {

      Image($r("app.media.donut"))
        .width(229)
        .height(182)
        .objectFit(ImageFit.Contain)

      Blank()

      Text('蓝莓甜甜圈')
        .fontSize(32)
        .fontColor(Color.White)
        .fontWeight(FontWeight.Bold)

      Blank()

      Button(){
        Text('5折大酬宾')
          .fontSize(18)
          .margin(
            left: 40,
            right: 40,
            top: 15,
            bottom: 15
          )
      }
```

```
            .type(ButtonType.Normal)
            .backgroundColor(Color.White)
            .borderRadius(10)
            .width(232)
            .height(60)
            .shadow(
              radius: 25,
              color: Color.Gray
            )

      }
      .height('80%')

}
.borderRadius(20)
.backgroundColor('#DC7CFF')
.width(341)
.height(476)


Stack() {

  Row() {

    Image($r("app.media.donutMask"))
      .width(300)
      .height(476)
      .objectFit(ImageFit.Fill)

    Blank()

  }
  .width('100%')

  Column() {

    Image($r("app.media.donut"))
      .width(229)
      .height(182)
      .objectFit(ImageFit.Contain)

    Blank()
```

```
      Text('巧克力甜甜圈')
        .fontSize(32)
        .fontColor(Color.White)
        .fontWeight(FontWeight.Bold)

      Blank()

      Button(){
        Text('5折大酬宾')
          .fontSize(18)
          .margin(
            left: 40,
            right: 40,
            top: 15,
            bottom: 15
          )
      }
      .type(ButtonType.Normal)
      .backgroundColor(Color.White)
      .borderRadius(10)
      .width(232)
      .height(60)
      .shadow(
        radius: 25,
        color: Color.Gray
      )

    }
    .height('80%')

  }
  .borderRadius(20)
  .backgroundColor('#7CD8FF')
  .width(341)
  .height(476)

  Stack() {

    Row() {

      Image($r("app.media.donutMask"))
        .width(300)
        .height(476)
```

```
      .objectFit(ImageFit.Fill)

  Blank()

}
.width('100%')

Column() {

  Image($r("app.media.donut"))
    .width(229)
    .height(182)
    .objectFit(ImageFit.Contain)

  Blank()

  Text('草莓甜甜圈')
    .fontSize(32)
    .fontColor(Color.White)
    .fontWeight(FontWeight.Bold)

  Blank()

  Button(){
    Text('4 折大酬宾')
      .fontSize(18)
      .margin(
        left: 40,
        right: 40,
        top: 15,
        bottom: 15
      )
  }
  .type(ButtonType.Normal)
  .backgroundColor(Color.White)
  .borderRadius(10)
  .width(232)
  .height(60)
  .shadow(
    radius: 25,
    color: Color.Gray
  )
```

```
        }
      .height('80%')


    }
  .borderRadius(20)
  .backgroundColor('#BAFF7C')
  .width(341)
  .height(476)



  }
  .width('100%')
  .height('100%')
  }
}
```

卡片列表如图 20-30 所示。

图 20-30　卡片列表

20.6.5　卡片列表容器背景

最后加上整个卡片列表的背景色和背景图，代码如下：

```
//第20章/bottomcardcontainer.cj
Stack() {
```

```
    Row() {

      Blank()

      Image($r("app.media.rightBottomMask"))
        .width(703)
        .objectFit(ImageFit.Fill)
        .offset(x: 150)

    }
    .width('100%')
  }
  .width('100%')
  .height('80%')
  .backgroundColor('#F9F4E5')
```

卡片列表背景色如图 20-31 所示。

图 20-31　卡片列表背景色

20.6.6　组合

考虑到卡片实际预览之间没有空隙，缩小卡片大小即可使它们之间有一定的空隙。优化后的卡片列表如图 20-32 所示。

图 20-32 卡片列表（优化后）

20.7 下半屏预览

设计中中间部分与下半部分加起来与上半部分的比例大约是 1:1，即占据整个屏幕的宽和高，为了测试可以将中间部分与下半部组合在一起，以此来查看实际的半屏效果。

在 pages 下新建一个 secondhalf.cj，导入 mid.cj 和 bottom.cj，将两者组合到一列中，代码如下：

```
//第 20 章/Secondhalf.cj
from './mid.cj' import Mid                    //导入中间部分
from './bottom.cj' import Bottom              //导入下半部分

@Entry
@Component
class Secondhalf {                            //下半屏
  func build() {
    Flex(                                     //弹性组件
      direction: FlexDirection.Column,        //方向，垂直
      alignItems: ItemAlign.Center,           //子项水平方向居中
      justifyContent: FlexAlign.Center        //子项垂直方向居中
    ) {
      Mid()                                   //中间部分
      Bottom()                                //下半部分
    }
```

```
      .width('100%')
      .height('100%')
    }
  }
```

下半屏幕预览如图 20-33 所示。

图 20-33　下半屏幕预览

仓颉 UI 案例：溢彩美妆网

本章展示一个化妆品在线商店的展示首页：溢彩美妆网。设计软件中的首页效果预览如图 21-1 所示。

图 21-1　首页设计效果（正常模式）

暗黑模式下的预览如图 21-2 所示。

可以看到设计感潮流感十足，简洁大方，页面上有大量的留白区域和明暗背景交错，并有正常模式和方便夜间查看的暗黑模式，本章依然使用 CangjieUI 的 Tablet（平板）模式通过代码实现具体布局。

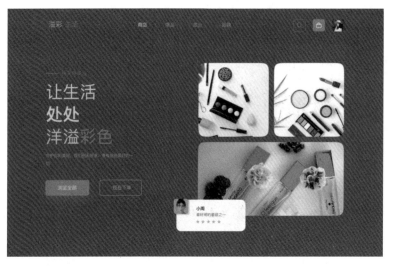

图 21-2　首页设计效果（暗黑模式）

21.1　资源导入

　　本案例为了简单起见，文字与颜色直接写在代码中，仅图片资源需要导入，将全部所需图片拖到资源文件夹的 media 子目录中，如图 21-3 所示。

图 21-3　资源文件夹中的图片（除既有的 icon.png 外）

21.2 启动页结构

使用默认的 index.cj 入口页作为启动页，分析页面的结构，此启动页可以分为上下两层：背景层和内容层。内容层可分为导航、主题文字区、图片区。

页面整体的框架代码如下：

```
//第21章/startstack.cj
Stack {            //堆叠容器

    Back()         //背景层

    Content() {    //内容层

    Nav()          //导航

    Theme()        //主题文字区

    Banner()       //图片区

    }

}
```

21.3 背景层

背景层的效果看起来很不错，仔细观察设计，4个角都有镂空的图形做衬托，其中左上角是一朵花，其余3个角是呈辐射状的星星，最底层是一个有着渐变流动光影效果的图片。要创建组件，依照惯例，在 pages 目录下新建源码文件 back.cj。

21.3.1 渐变流动光影

最底层的图片特效非常独特，可直接插入图片组件实现这种特效，代码如下：

```
Stack() {
    Image($r("app.media.bg"))  //渐变流动光影图片
    }
    .width('100%')
    .height('100%')
```

在设备的正常模式与暗黑模式下有不同的渐变流动光影效果，从而使用户对网站整体视觉上似乎可以产生一股持续的如同文字主题想表达的"溢彩生活"般的水波流动感。预览如图 21-4 所示。

图 21-4　背景渐变光影

暗黑模式下的预览如图 21-5 所示。

图 21-5　背景渐变光影（暗黑模式）

21.3.2 图形衬边

页面四角有图形做衬托，首先实现左上角的花枝，代码如下：

```
Image($r("app.media.leaf"))//花枝图片
    .width(274)
    .height(345)
```

预览如图 21-6 所示。

图 21-6 左上角图形

首先让图形略微向右旋转倾斜，代码如下：

```
//第21章/leaf.cj
Image($r("app.media.leaf"))
    .width(274)
    .height(345)
    .objectFit(ImageFit.Contain)
    .rotate(        //旋转
      z: 1,         //以 z 为轴，即平面旋转
      angle: 5      //转5°
    )
```

左上角图形如图 21-7 所示。

图 21-7　左上角图形（倾斜 5°）

　　然后将花枝包含在一个 Row 容器中以便默认左对齐，再包含在一个 Column 中以便居于上方，如此可让图形位于左上角，再适度让花枝左偏移，代码如下：

```
//第 21 章/leafcol.cj
Column() {          //列容器
    Row() {    //行容器

      Image($r("app.media.leaf"))//花枝图片
        .width(274)
        .height(345)
        .objectFit(ImageFit.Contain)
        .rotate(            //旋转
          z: 1,            //以 z 为轴，即平面旋转
          angle: 5         //转 5°
        )
        .offset(x: -70)    //x 轴，即水平左移 70
    }
    .width('100%')

    Blank()
}
.width('100%')
.height('100%')
```

图形定位和水平向左偏移，如图 21-8 所示。

图 21-8　图形定位和水平向左偏移

此时发现图片本身的色彩过于饱满，于是将透明度调整为 0.15，代码如下：

```
.opacity(0.15)
```

图形透明度调整后如图 21-9 所示。

图 21-9　图形透明度调整

如此一来，可以更好地融入背景色中。对左下角的星形图片做类似处理，代码如下：

```
//第 21 章/leafcol2.cj
Column() {
    Blank()

    Row() {

      Image($r("app.media.star_l"))    //星形图片
        .width(358)
        .height(358)
        .objectFit(ImageFit.Contain)
        .offset(
          x: -40                        //x 轴，即水平左移
        )

    }
    .width('100%')

}
.width('100%')
.height('100%')
```

左下角图形如图 21-10 所示。

图 21-10   左下角图形

对右上角的星形图片也做类似处理，代码如下：

```
//第 21 章/starrow.cj
```

```
Column() {

    Row() {

      Blank()

      Image($r("app.media.star_me"))
        .width(358)
        .height(358)
        .objectFit(ImageFit.Contain)
        .offset(
          x: 20  //x轴水平右移
        )

    }
    .width('100%')

    Blank()

  }
  .width('100%')
  .height('100%')
```

右上角图形如图 21-11 所示。

图 21-11　右上角图形

最后对右下角的星形图片做同样处理，代码如下：

```
//第21章/starcol.cj
Column() {

    Blank()

    Row() {

      Blank()

      Image($r("app.media.star_s"))
        .width(246)
        .height(246)
        .objectFit(ImageFit.Contain)
        .offset(
          x: 20
        )

    }
    .width('100%')

}
.width('100%')
.height('100%')
```

右下角图形如图 21-12 所示。

图 21-12 右下角图形

21.3.3　组合

将四角的代码组合起来，代码如下：

```
//第21章/back.cj
@Entry
@Component
class Back {//背景层
  func build() {
    Stack() {

      Image($r("app.media.bg")) //背景图

      Column() {

        Row() {
          Image($r("app.media.leaf"))
            .width(274)
            .height(345)
            .objectFit(ImageFit.Contain)
            .rotate(
              z: 1,
              angle: 5
            )
            .offset(
              x: -70
            )

        }
        .width('100%')

        Blank()

      }
      .width('100%')
      .height('100%')
      .opacity(0.15)

      Column() {

        Blank()

        Row() {
```

```
        Image($r("app.media.star_l"))
          .width(358)
          .height(358)
          .objectFit(ImageFit.Contain)
          .offset(
            x: -40
          )

    }
    .width('100%')

}
.width('100%')
.height('100%')

Column() {

  Row() {

    Blank()

    Image($r("app.media.star_me"))
      .width(358)
      .height(358)
      .objectFit(ImageFit.Contain)
      .offset(
        x: 20
      )

  }
  .width('100%')

  Blank()

}
.width('100%')
.height('100%')

Column() {

  Blank()

  Row() {
```

```
        Blank()

        Image($r("app.media.star_s"))
          .width(246)
          .height(246)
          .objectFit(ImageFit.Contain)
          .offset(
            x: 20
          )

      }
      .width('100%')

    }
    .width('100%')
    .height('100%')

  }
  .width('100%')
  .height('100%')

  }
}
```

背景层整体预览如图 21-13 所示。

图 21-13 背景层整体预览

21.4　导航

内容层最上方是导航，而导航也分为三块区域。要创建组件，依照惯例，在 pages 目录下新建源码文件 nav.cj。

21.4.1　大标题

大标题使用了细体，两个词的颜色是不一样的，拆分成两个 Text 组件，代码如下：

```
//第 21 章/navtext.cj
Row() {//行容器

    Text('溢彩 ')
      .fontSize(26)
      .fontWeight(FontWeight.Lighter)  //细体字
      .fontColor('#932AE6')

    Text('生活')
      .fontSize(26)
      .fontWeight(FontWeight.Lighter)  //细体字
      .fontColor('#FF6438')

}
```

导航大标题如图 21-14 所示。

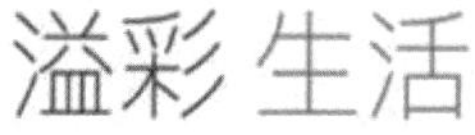

溢彩 生活

图 21-14　导航大标题

21.4.2　导航菜单

菜单由 4 个 Text 组成，第 1 种颜色与其他颜色有区别，代码如下：

```
//第 21 章/navrow.cj
Row(space: 35) {  //行容器，间隔 35

    Text('商店')
      .fontSize(18)
      .fontColor('#26273C')
      .fontWeight(FontWeight.Lighter)  //细体字

    Text('爆品')
```

```
          .fontSize(18)
          .fontColor('#9094AC')
          .fontWeight(FontWeight.Lighter)  //细体字

      Text('成分')
          .fontSize(18)
          .fontColor('#9094AC')
          .fontWeight(FontWeight.Lighter)  //细体字

      Text('品牌')
          .fontSize(18)
          .fontColor('#9094AC')
          .fontWeight(FontWeight.Lighter)  //细体字

}
```

导航菜单如图 21-15 所示。

商店　　爆品　　成分　　品牌

图 21-15　导航菜单

21.4.3　右侧图标组

右侧由 3 个 Image 组成图标组，代码如下：

```
//第21章/navrightrow.cj
Row(space: 28) {  //行容器，间距28

    Image($r("app.media.search"))        //搜索图片
        .width(46)
        .height(46)
        .objectFit(ImageFit.Contain)

    Image($r("app.media.cart"))          //购物车图片
        .width(46)
        .height(46)
        .objectFit(ImageFit.Contain)

    Image($r("app.media.avatar"))        //头像图片
        .width(46)
        .height(46)
        .objectFit(ImageFit.Contain)

}
```

导航右侧图标组如图 21-16 所示。

图 21-16 导航右侧图标组

21.4.4 组合

把上述导航的子组件组合在一行中加上间隔及上下左右的边距，就可以形成一个完整的导航，代码如下：

```
//第 21 章/nav.cj
@Entry
@Component
class Nav {        //导航
  func build() {
    Row() {        //行容器

      Row() {

        Text('溢彩 ')
          .fontSize(26)
          .fontWeight(FontWeight.Lighter)
          .fontColor('#932AE6')

        Text('生活')
          .fontSize(26)
          .fontWeight(FontWeight.Lighter)
          .fontColor('#FF6438')

      }

      Blank()

      Row(space: 35)

        Text('商店')
          .fontSize(18)
          .fontColor('#26273C')
          .fontWeight(FontWeight.Lighter)

        Text('爆品')
```

```
            .fontSize(18)
            .fontColor('#9094AC')
            .fontWeight(FontWeight.Lighter)

        Text('成分')
            .fontSize(18)
            .fontColor('#9094AC')
            .fontWeight(FontWeight.Lighter)

        Text('品牌')
            .fontSize(18)
            .fontColor('#9094AC')
            .fontWeight(FontWeight.Lighter)

    }

    Blank()

    Row(space: 28) {

        Image($r("app.media.search"))
            .width(46)
            .height(46)
            .objectFit(ImageFit.Contain)

        Image($r("app.media.cart"))
            .width(46)
            .height(46)
            .objectFit(ImageFit.Contain)

        Image($r("app.media.avatar"))
            .width(46)
            .height(46)
            .objectFit(ImageFit.Contain)

    }

}
.width('100%')
.padding(
    left: 120,
    top: 40,
    bottom: 40,
```

```
        right: 100
    )


    }
}
```

导航如图 21-17 所示。

图 21-17　导航

21.5　主题文字区

对于这类文字比较多的区域，也可以根据字体大小来划分出多个小块。要创建组件，依照惯例，在 pages 目录下新建源码文件 theme.cj。

21.5.1　小标题

小标题可以使用 Row 来包含，以便默认左对齐。线段可以使用宽度很小的 Row 来填充背景色并加上圆角，代码如下：

```
//第 21 章/themetitle.cj
Row(space: 10) { //行容器，间距 10

    Row()
      .height(3)
      .width(50)
```

```
      .borderRadius(2)  //圆角
      .backgroundColor('#FF6438')


    Text('纯天然成分')
      .fontSize(18)
      .fontColor('#FF6438')
      .fontWeight(FontWeight.Lighter)  //细体字


  }
```

小标题如图 21-18 所示。

━━━━　纯天然成分

图 21-18　小标题

21.5.2　大标题

大标题内 3 段文字按列布局，最后一段文字的颜色有差异，以行来区分，代码如下：

```
//第21章/themebigtitle.cj
Text('让生活')
      .fontSize(50)
      .fontColor('#26273C')


  Text('处处')
    .fontSize(50)
    .fontColor('#26273C')
    .fontWeight(FontWeight.Bold)  //粗体字


  Row() {

    Text('洋溢')
      .fontSize(50)
      .fontColor('#932AE6')


    Text('彩色')
      .fontSize(50)
      .fontColor('#FF6438')


  }
```

大标题如图 21-19 所示。

让生活
处处
洋溢色彩

图 21-19　大标题

21.5.3　副标题

副标题的文字较多，并且可能有换行，可在文字中使用换行符，代码如下：

```
Text('守护你的美丽，我们别无所求，唯有提供\n 最好的一切')
  .fontSize(13)
  .fontColor('#9094AC')
  .fontWeight(FontWeight.Lighter)
```

副标题如图 21-20 所示。

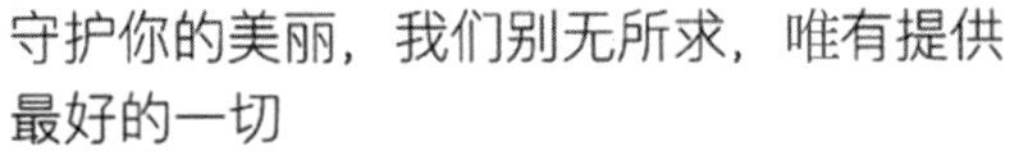

守护你的美丽，我们别无所求，唯有提供
最好的一切

图 21-20　副标题

21.5.4　按钮组

两个按钮在一行之内，第 2 个按钮的背景色是透明的，代码如下：

```
//第 21 章/themebtns.cj
Row(space: 40) {  //行容器，用于按钮组

    Button() {  //按钮
      Text('浏览全部')
        .fontSize(16)
        .fontColor(Color.White)              //白色文字
        .fontWeight(FontWeight.Lighter)      //细体字
    }
    .width(150)
    .height(55)
    .type(ButtonType.Normal)                 //默认按钮样式
    .borderRadius(8)                         //圆角
    .backgroundColor('#FF6438')              //背景色

    Row() {
```

```
        Blank()

        Text('现在下单')
          .fontSize(16)
          .fontColor('#932AE6')
          .fontWeight(FontWeight.Lighter)  //细体字

        Blank()

      }
      .width(150)
      .height(55)
      .borderWidth(1)           //边框宽度1
      .borderColor('#932AE6')   //边框着色
      .borderRadius(8)          //圆角

    }
    .padding(top: 40)           //顶边距40
```

按钮组如图 21-21 所示。

图 21-21　按钮组

21.5.5　组合

将以上各个子组件和数据组合起来，主题文字区的代码如下：

```
//第21章/theme.cj
@Entry
@Component
class Theme { //主题文字区
  func build() {

    Column() {

      Row(space: 10)

        Row()
          .height(3)
          .width(50)
          .borderRadius(2)
```

```
          .backgroundColor('#FF6438')

      Text('纯天然成分')
          .fontSize(18)
          .fontColor('#FF6438')
          .fontWeight(FontWeight.Lighter)

  }

  Text('让生活')
      .fontSize(50)
      .fontColor('#26273C')

  Text('处处')
      .fontSize(50)
      .fontColor('#26273C')
      .fontWeight(FontWeight.Bold)

  Row() {

      Text('洋溢')
          .fontSize(50)
          .fontColor('#932AE6')

      Text('彩色')
          .fontSize(50)
          .fontColor('#FF6438')

  }

  Text('守护你的美丽，我们别无所求，唯有提供\n 最好的一切')
      .fontSize(13)
      .fontColor('#9094AC')
      .fontWeight(FontWeight.Lighter)


  Row(space: 40) {

    Button() {

      Text('浏览全部')
```

```
          .fontSize(16)
          .fontColor(Color.White)
          .fontWeight(FontWeight.Lighter)
      }
      .width(150)
      .height(55)
      .type(ButtonType.Normal)
      .borderRadius(8)
      .backgroundColor('#FF6438')

    Row() {

      Blank()

      Text('现在下单')
        .fontSize(16)
        .fontColor('#932AE6')
        .fontWeight(FontWeight.Lighter)

      Blank()

    }
    .width(150)
    .height(55)
    .borderWidth(1)
    .borderColor('#932AE6')
    .borderRadius(8)

  }
  .padding(top: 40)

}
.alignItems(HorizontalAlign.Start)
.padding(100)
.width('50%')
.height('50%')
}
}
```

主题文字区如图 21-22 所示。

——— 纯天然成分

让生活
处处
洋溢彩色

守护你的美丽，我们别无所求，唯有提供
最好的一切

浏览全部　　　　现在下单

图 21-22　主题文字区

21.6　图片区

页面中部右侧是化妆品的图片集中展示。首先在 pages 目录下新建 banner.cj 源文件。

21.6.1　双卡片组

卡片组由两张图片拼成一组，加上圆角，代码如下：

```
//第 21 章/cardrow.cj
Row() { //行容器，用于卡片组

    Image($r("app.media.bannner1")) //第 1 张封面
      .width(267)
      .height(274)
      .objectFit(ImageFit.Contain)
      .borderRadius(24)//圆角
      .margin(right: 20)//右边距 20

    Image($r("app.media.banner2")) //第 2 张封面
      .width(267)
      .height(274)
      .objectFit(ImageFit.Contain)
      .borderRadius(24)//圆角

    }
```

```
.padding(20)//内边距20
```

双卡片组如图 21-23 所示。

图 21-23 双卡片组

21.6.2 横幅卡片

卡片组下方是一个相当于整个卡片组宽度的横幅卡片，代码如下：

```
Image($r("app.media.banner3"))
    .width(555).height(274)
    .objectFit(ImageFit.Contain)
    .borderRadius(24) //圆角
```

横幅卡片如图 21-24 所示。

图 21-24 横幅卡片

21.6.3 组合

将以上纯组件和预览用组件组合起来，图片区的代码如下：

```
//第21章/banner.cj
@Entry
@Component
class Banner { //图片区

  func build() {

    Column() {

      Row() {

        Image($r("app.media.bannner1"))
          .width(267)
          .height(274)
          .objectFit(ImageFit.Contain)
          .borderRadius(24)
          .margin(right: 20)

        Image($r("app.media.banner2"))
          .width(267)
          .height(274)
          .objectFit(ImageFit.Contain)
          .borderRadius(24)

      }
      .padding(20)

      Image($r("app.media.banner3"))
        .width(555)
        .height(274)
        .objectFit(ImageFit.Contain)
        .borderRadius(24)

    }

  }
}
```

图片区如图 21-25 所示。

可将图片区的图片更新为工程资源中的其他封面图，在暗黑模式下的效果如图 21-26 所示。

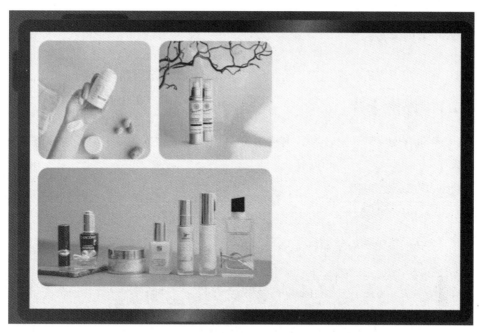

图 21-25 图片区

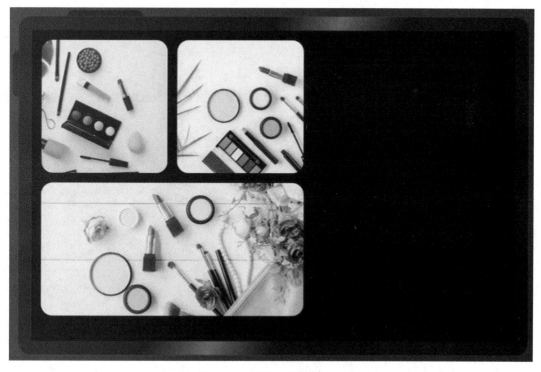

图 21-26 暗黑模式的图片区

21.7 评价浮层

在图片区的左下方有一个用户评价的浮层。在 pages 目录下新建 comment.cj 源文件。

21.7.1 评价卡片

评价卡片包含文字和评分图片，其中评分图片使用 ForEach 进行 5 次循环渲染，代码如下：

```
//第 21 章/cmtcol.cj
Column() { //评价卡片

    Text('小周')
      .fontSize(16)
      .fontColor('#26273C')
      .fontWeight(FontWeight.Bold)        //粗体字

    Text('最好用的套装之一')
      .fontSize(14)
      .fontColor('#585C77')
      .fontWeight(FontWeight.Lighter)     //细体字

    Row(space: 8) {                       //行容器，用于评分图片
      ForEach([1,2,3,4,5], { () =>        //共 5 次循环渲染
        Image($r("app.media.star_cmt"))   //单个评分星级图片
          .width(15)
          .height(15)
          .objectFit(ImageFit.Contain)
      })
    }
    .padding(top: 10)                     //顶边距 20

}
.alignItems(HorizontalAlign.Start)        //左对齐
.width(263)
.height(111)
.shadow(                                  //阴影
    radius:15,                            //半径
    color: '#F8F9FC'                      //阴影的颜色
)
.backgroundColor(Color.White)             //白色背景
.padding(20)                              //内边距 20
```

```
.margin(20)                        //外边距20
.borderRadius(18)                  //卡片的圆角
```

因为卡片的背景是白色的，所以在正常模式下无法看到边界，切换到暗黑模式下，如图 21-27 所示。

图 21-27　评价卡片（暗黑模式）

21.7.2　评价头像

评价图片周围有边框，由于 Image 本身并不支持这样的边框，所以可以包装在列容器中赋予均等的内边距，代码如下：

```
//第21章/portrait.cj
Column() { //列容器
      Image($r("app.media.avatar_2")) //头像图片
        .width(56)
        .height(56)
        .borderRadius(8)     //圆角
}
.backgroundColor('#C4C4C4')
.padding(5)
.borderRadius(8)          //圆角
```

评价头像如图 21-28 所示。

图 21-28　评价头像

21.7.3　组合

将以上卡片和头像组合起来，再将头像的位置在一定程度上向左上偏移，评价浮层的代码如下：

```
//第21章/comment.cj
@Entry
@Component
class Comment { //评价浮层
  func build() {

    Stack() {

      Column() {

        Text('小周')
          .fontSize(16)
          .fontColor('#26273C')
          .fontWeight(FontWeight.Bold) //粗体字

        Text('最好用的套装之一')
          .fontSize(14)
          .fontColor('#585C77')
          .fontWeight(FontWeight.Lighter) //细体字

        Row(space: 8) {
          ForEach([1,2,3,4,5], {() =>
            Image($r("app.media.star_cmt"))
              .width(15)
              .height(15)
              .objectFit(ImageFit.Contain)
          })
        }
        .padding(top: 10)

      }
      .alignItems(HorizontalAlign.Start) //左对齐
      .width(263)
      .height(111)
      .shadow(
        radius:15,
        color: '#F8F9FC'
      )
      .backgroundColor(Color.White)
      .padding(left: 70,top: 20)
      .margin(20)
      .borderRadius(18)
```

```
Row() {
  Column() {
    Image($r("app.media.avatar_2"))
      .width(56)
      .height(56)
      .borderRadius(8)
  }
  .backgroundColor('#C4C4C4')
  .padding(5)
  .borderRadius(8)
  .alignItems(HorizontalAlign.Start) //左对齐
}
.width('100%')
.offset(
  y: -30
)

}
.padding(20)

}
}
```

评价浮层如图21-29所示。

图21-29　评价浮层（暗黑模式）

21.8　组装首页

将以上组件依次组合在一个Stack内，这样就形成了首页的框架，代码如下：

```
//第21章/homestack.cj
Stack() {          //堆叠容器，用于组合首页各层级的组件

    Back()        //背景层

    Column() { //列容器
```

```
    Nav()              //导航

    Row() {            //行容器

      Theme()          //主题文字区

      Banner()         //图片区

    }

  }

}
.width('100%')
.height('100%')
```

此时的首页预览如图 21-30 所示。

图 21-30　首页

导航、主题文字区、图片组看上去都偏大了，不过这是正常的，只需挨个纠正有偏差的子组件中的尺寸、大小、位置等，读者可自行根据预览进行调整。

对首页进行相应尺寸调整，另外加上评价浮层及偏移，首页的代码如下：

```
//第21章/index.cj
from './back.cj' import Back          //导入背景层
from './nav.ets' import Nav           //导入导航
from './theme.ets' import Theme       //导入主题文字区
from './banner.ets' import Banner     //导入图片区
from './comment.ets' import Comment   //导入评价浮层

@Entry
@Component
class Index {
  func build() {

    Stack() {

      Back()

      Column() {

        Nav()

        Row() {

          Theme()

          Banner()

        }
      }
      .height('100%')

      Column() {

        Blank()

        Comment()

      }
      .height('100%')
      .offset(
        x: 100 //x轴右移100
      )

    }
```

```
        .width('100%')
        .height('100%')
    }
}
```

最终优化后的首页如图 21-31 所示。

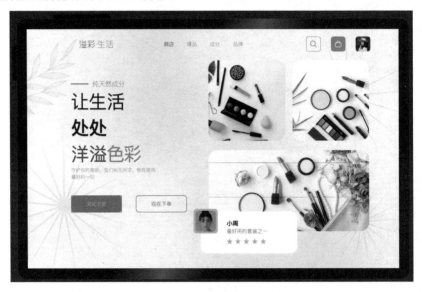

图 21-31   优化后的首页

暗黑模式下的首页如图 21-32 所示。

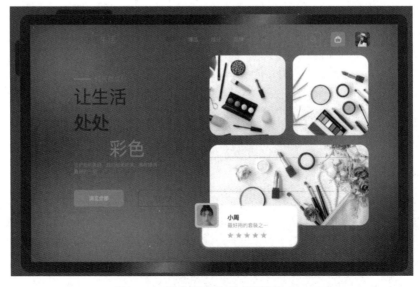

图 21-32   优化后的首页（暗黑模式）

图 书 推 荐

书 名	作 者
仓颉语言实战（微课视频版）	张磊
仓颉语言元编程	张磊
仓颉语言核心编程——入门、进阶与实战	徐礼文
仓颉语言程序设计	董昱
仓颉程序设计语言	刘安战
HarmonyOS 移动应用开发（ArkTS 版）	刘安战、余雨萍、陈争艳 等
深度探索 Vue.js——原理剖析与实战应用	张云鹏
前端三剑客——HTML5+CSS3+JavaScript 从入门到实战	贾志杰
剑指大前端全栈工程师	贾志杰、史广、赵东彦
Flink 原理深入与编程实战——Scala+Java（微课视频版）	辛立伟
Spark 原理深入与编程实战（微课视频版）	辛立伟、张帆、张会娟
PySpark 原理深入与编程实战（微课视频版）	辛立伟、辛雨桐
HarmonyOS 应用开发实战（JavaScript 版）	徐礼文
HarmonyOS 原子化服务卡片原理与实战	李洋
鸿蒙操作系统开发入门经典	徐礼文
鸿蒙应用程序开发	董昱
鸿蒙操作系统应用开发实践	陈美汝、郑森文、武延军、吴敬征
HarmonyOS 移动应用开发	刘安战、余雨萍、李勇军 等
HarmonyOS App 开发从 0 到 1	张诏添、李凯杰
JavaScript 修炼之路	张云鹏、戚爱斌
JavaScript 基础语法详解	张旭乾
华为方舟编译器之美——基于开源代码的架构分析与实现	史宁宁
Android Runtime 源码解析	史宁宁
恶意代码逆向分析基础详解	刘晓阳
网络攻防中的匿名链路设计与实现	杨昌家
深度探索 Go 语言——对象模型与 runtime 的原理、特性及应用	封幼林
深入理解 Go 语言	刘丹冰
Vue+Spring Boot 前后端分离开发实战	贾志杰
Spring Boot 3.0 开发实战	李西明、陈立为
Vue.js 光速入门到企业开发实战	庄庆乐、任小龙、陈世云
Flutter 组件精讲与实战	赵龙
Flutter 组件详解与实战	[加]王浩然（Bradley Wang）
Dart 语言实战——基于 Flutter 框架的程序开发（第 2 版）	亢少军
Dart 语言实战——基于 Angular 框架的 Web 开发	刘仕文
IntelliJ IDEA 软件开发与应用	乔国辉
Python 量化交易实战——使用 vn.py 构建交易系统	欧阳鹏程
Python 从入门到全栈开发	钱超
Python 全栈开发——基础入门	夏正东
Python 全栈开发——高阶编程	夏正东
Python 全栈开发——数据分析	夏正东
Python 编程与科学计算（微课视频版）	李志远、黄化人、姚明菊 等

书　　名	作　者
HuggingFace 自然语言处理详解——基于 BERT 中文模型的任务实战	李福林
Diffusion AI 绘图模型构造与训练实战	李福林
图像识别——深度学习模型理论与实战	于浩文
数字 IC 设计入门（微课视频版）	白栎旸
动手学推荐系统——基于 PyTorch 的算法实现（微课视频版）	於方仁
人工智能算法——原理、技巧及应用	韩龙、张娜、汝洪芳
Python 数据分析实战——从 Excel 轻松入门 Pandas	曾贤志
Python 概率统计	李爽
Python 数据分析从 0 到 1	邓立文、俞心宇、牛瑶
从数据科学看懂数字化转型——数据如何改变世界	刘通
鲲鹏架构入门与实战	张磊
鲲鹏开发套件应用快速入门	张磊
华为 HCIA 路由与交换技术实战	江礼教
华为 HCIP 路由与交换技术实战	江礼教
openEuler 操作系统管理入门	陈争艳、刘安战、贾玉祥 等
5G 核心网原理与实践	易飞、何宇、刘子琦
Python 游戏编程项目开发实战	李志远
编程改变生活——用 Python 提升你的能力（基础篇·微课视频版）	邢世通
编程改变生活——用 Python 提升你的能力（进阶篇·微课视频版）	邢世通
编程改变生活——用 PySide6/PyQt6 创建 GUI 程序（基础篇·微课视频版）	邢世通
编程改变生活——用 PySide6/PyQt6 创建 GUI 程序（进阶篇·微课视频版）	邢世通
FFmpeg 入门详解——音视频原理及应用	梅会东
FFmpeg 入门详解——SDK 二次开发与直播美颜原理及应用	梅会东
FFmpeg 入门详解——流媒体直播原理及应用	梅会东
FFmpeg 入门详解——命令行与音视频特效原理及应用	梅会东
FFmpeg 入门详解——音视频流媒体播放器原理及应用	梅会东
精讲 MySQL 复杂查询	张方兴
Python Web 数据分析可视化——基于 Django 框架的开发实战	韩伟、赵盼
Python 玩转数学问题——轻松学习 NumPy、SciPy 和 Matplotlib	张骞
Pandas 通关实战	黄福星
深入浅出 Power Query M 语言	黄福星
深入浅出 DAX——Excel Power Pivot 和 Power BI 高效数据分析	黄福星
从 Excel 到 Python 数据分析：Pandas、xlwings、openpyxl、Matplotlib 的交互与应用	黄福星
云原生开发实践	高尚衡
云计算管理配置与实战	杨昌家
虚拟化 KVM 极速入门	陈涛
虚拟化 KVM 进阶实践	陈涛
HarmonyOS 从入门到精通 40 例	戈帅
OpenHarmony 轻量系统从入门到精通 50 例	戈帅
AR Foundation 增强现实开发实战（ARKit 版）	汪祥春
AR Foundation 增强现实开发实战（ARCore 版）	汪祥春